U0168539

本研究受国家社会科学基金重点项目“大数据个性化知识的本体论意义与认识论价值研究”(18AZX008)、教育部人文社会科学研究青年基金项目“从人经验到机器的‘经验’——机器认识论研究”(20YJC720025)以及北京市社会科学基金项目“复杂系统学理论视域下‘大数据’的特征及其哲学意蕴”(14ZX010)的资助。

京师哲学

BNU Philosophy

大数据哲学

从机器崛起到认识方法的变革

董春雨　薛永红　著

中国社会科学出版社

图书在版编目(CIP)数据

大数据哲学：从机器崛起到认识方法的变革/董春雨，薛永红著. —北京：中国社会科学出版社，2021.7（2022.2重印）

ISBN 978-7-5203-8174-1

Ⅰ.①大… Ⅱ.①董…②薛… Ⅲ.①数据处理—研究 Ⅳ.①TP274

中国版本图书馆CIP数据核字（2021）第057298号

出 版 人 赵剑英
责任编辑 冯春凤
责任校对 张爱华
责任印制 张雪娇

出　　版 中国社会科学出版社
社　　址 北京鼓楼西大街甲158号
邮　　编 100720
网　　址 http://www.csspw.cn
发 行 部 010-84083685
门 市 部 010-84029450
经　　销 新华书店及其他书店

印　　刷 北京君升印刷有限公司
装　　订 廊坊市广阳区广增装订厂
版　　次 2021年7月第1版
印　　次 2022年2月第2次印刷

开　　本 710×1000 1/16
印　　张 14.25
插　　页 2
字　　数 218千字
定　　价 88.00元

凡购买中国社会科学出版社图书，如有质量问题请与本社营销中心联系调换
电话：010-84083683

版权所有 侵权必究

编委会

主　　　编：吴向东

编委会成员：（按笔画排序）

田海平　兰久富　刘成纪　刘孝廷

杨　耕　李　红　李建会　李祥俊

李景林　吴玉军　张百春　张曙光

郭佳宏　韩　震

总序：面向变化着的世界的当代哲学

吴向东

真正的哲学总是时代精神的精华。进入21世纪20年代，世界的变化更加深刻，时代的挑战更加多元。全球化的深度发展使得各个国家、民族、个人从来没有像今天这样紧密地联系在一起。以理性和资本为核心的现代性，在创造和取得巨大物质财富与精神成就的同时，也日益显露着其紧张的内在矛盾、冲突及困境。现代科技的迅猛发展，特别是以人工智能为牵引的信息技术的颠覆性革命，带来了深刻的人类学改变。它不仅改变着人们的生产方式、交往方式，而且改变着人们的生活方式和价值观念。在世界历史背景下展开的中国特色社会主义的伟大实践，形成了中国特色社会主义道路、理论、制度、文化，意味着一种新型文明形态的可能性。变化着的世界与时代，以问题和文本的方式召唤着当代哲学家们，去理解这种深刻的变化，回应其内在的挑战，反思人的本性，重构文明秩序根基，塑造美好生活理念。为此，价值哲学、政治哲学、认知哲学、古典哲学，作为当代哲学重要的研究领域和方向，被时代和实践凸显出来。

价值哲学，是研究价值问题的哲学分支学科。尽管哲学史上一直有着强大的道德哲学和政治哲学的传统，但直到19世纪中后期，自洛采、尼采开始，价值哲学才因为价值和意义的现实问题所需作为一门学科兴起。经过新康德主义的张扬，现当代西方哲学的重大转向都在一定程度上蕴涵着价值哲学的旨趣。20世纪上半叶，价值哲学在西方达到一个高峰，并逐渐形成先验主义、经验主义、心灵主义、语言分析等研究路向。其中胡塞尔的现象学开辟了新的理解价值的进路；杜威建构了以评价判断为核心的实验经验主义价值哲学；舍勒和哈特曼形成系统的价值伦理学，建构了相对于康德的形式主义伦理学的质料伦理学，还有一些哲学家利用分析哲学进路，试图在元伦理学的基础上对有关价值的表述进行分析。当代哲学家诺奇克、内格儿和泰勒等，一定程度上重新复兴了奥地利价值哲学学派，创造了在当代有关价值哲学的讨论语境。20世纪70年代以后，西方价值理论的研究重心从价值的元问题转向具体的道德和政治规范问题，其理论直接与公共的政治生活和个人的伦理生活相融合。

中国价值哲学研究兴起于20世纪80年代，缘于“文化大革命”的反思、改革开放实践的内在需要，并由真理标准的大讨论直接引发。四十年来，价值哲学经历了从分析价值概念到探究评价理论，再到聚焦价值观和社会主义核心价值观研究的发展历程，贯穿其中的主要特点是理论逻辑和实践逻辑的统一。在改革开放的实践中，我们首先通过内涵价值的科学真理观解决对与错的问题，其次通过“三个有利于”评价标准解决好与坏的问题，最后通过社会主义核心价值观，解决“什么是社会主义，如何建设社会主义”的问题。同时，与马克思主义哲学研究的相互交融促进，以及与国际价值哲学的交流和对话，也是价值哲学研究发展历程中的显著特点。中国价值哲学在价值本质、评价的合理性、价值观的结构、社会主义核心价值观的内涵与逻辑等一系列问题上形成了广泛学术争论，取得了诸多的理论进展。就其核心而言，我认为主要成就可归结为实践论基础上的主体性范式和社会主义核心价值观的理论建构这两个方面。中国价值哲学取得的成就具有强烈的时代性特征和阶段性特点。随着世界历史的充分展开和中国改革开放的不断深入，无论是回应、解答当代中国社会和人类发展的新矛盾与重大价值问题，还是价值哲学内部的广泛争论形成的理论空间，都预示着价值哲学未来的发展趋向：完善实践论基础上的主体性解释模式，实现价值基础理论的突破；深入探究新文明形态的价值理念与价值原则，不仅要深度建构和全幅拓展以社会主义核心价值观为主导的中国价值，还要探求人类命运共同体的价值基础，同时对人工智能为代表的当代科学技术进行价值反思和价值立法，以避免机器控制世界的技术冒险；多学科研究的交叉与融合，并上升为一种方法论自觉。

政治哲学是在哲学层面上对人类政治生活的探究，具有规范性和实践性。其核心主题是应该用什么规则或原则来确定我们如何在一起生活，包括政治制度的根本准则或理想标准，未来理想政治的设想，财产、权力、权利与自由的如何分配等。尽管东西方都具有丰富的政治哲学的传统，但20世纪70年代以降，随着罗尔斯《正义论》发表才带来了规范性政治哲学在西方的复兴。其中，自由主义、共和主义、社群主义竞相在场，围绕正义、自由、平等、民主、所有权等一系列具体价值、价值原则及其理论基础相互论争，此起彼伏。与此同时，由“塔克—伍德”命题引发的马克思与正义问题的持续讨论，使得马克思的政治哲学思想在西方学界得到关注。新世纪以来，随着改革开放进入新的历史阶段，国内政治哲学研究开始兴起，并逐渐成为显学。这不仅表现在对西方政治哲学家的文本的大量译介和深入研究；更表现在马克思主义政治哲学研究的崛起，包括对马克思主义政治哲学的特征、基本内容等阐释以及对一些重大现实问题的理论回应等；同时也表现在对中国传统政治哲学的理论重构和现代阐释，以及从一般性视角对政治哲学的学科定位和方法论予以澄清和反思等。

无论是西方政治哲学的复兴，还是国内政治哲学研究的兴起，背后都能发现强烈的实践的逻辑，以及现实问题的理论诉求。面对当代实践和世界文明的裂变，政治哲学任重道远。一方面，马克思主义政治哲学本身并不是现成的，而是需要被不断建构的。马克思主义政治哲学有着自己的传统，其中人类解放，是马克思主义，也是马克思主义政治哲学的主题。在这一传统中，人的解放首要的取决于制度革命，制度革命其实包含着价值观的变革。所以，在当代理论和实践背景下讨论人的解放，不能离开正义、自由、平等、尊严等规范性价值，这些规范性价值在马克思主义政治哲学中需要被不断阐明。而在中国特色社会主义实践背景下建构当代中国马克思主义政治哲学，更应该是政治哲学研究的理论旨趣。另一方面，当代人类政治实践中的重大问题需要创新性研究。中国学界需要以马克思主义政治哲学为基本框架，综合各种思想资源，真正面对和回应当代人类政治实践中的矛盾和问题，诸如民粹主义、种族主义、环境政治、女性主义、全球正义、世界和平等等，做出具有人类视野、原则高度的时代性回答。

认知哲学是在关于认知的各种科学理论的基础上反思认知本质的哲学学科。哲学史上一直存在着关于认知的思辨的传统，但是直到20世纪中叶开始，随着具有跨学科性质的认知科学的诞生，认知哲学作为哲学的分支学科才真正确立起来，并以认知科学哲学为主要形态，涉及心理学哲学、人工智能哲学、心灵哲学、认知逻辑哲学和认知语言哲学等。它不仅处理认知科学领域内带有哲学性质的问题，包括心理表征、心理计算、意识、行动、感知等等，同时也处理认知科学本身的哲学问题，对认知神经科学、语言学、人工智能等研究中的方法、前提、范式进行哲学反思。随着认知诸科学，如计算机科学、认知心理学、认知语言学、人类学、认知神经科学等学科的发展，认知哲学的研究在西方学界不断推进。从图灵到西蒙、从普特南到福多，从德雷福斯到塞尔等等，科学家和哲学家们提出了他们自己各不相同的认知理论，共同推动了认知科学的范式转变。在认知本质问题上，当代的认知科学家和哲学家们先后提出了表征—计算主义、联结主义、涉身主义以及“4E + S”认知等多种理论，不仅深化了对认知的理解，也为认知科学发展清理障碍，提供重要的理论支持。国内的认知哲学研究与西方相比虽然有一定的滞后，但近些年来，与国际学界保持着紧密的联系与高度的合作，在计算主义、“4E + S”认知、知觉哲学、意向性、自由意志等领域和方向的研究，取得了积极进展。

认知哲学与认知科学的内在关系，以及其学科交叉性，决定了认知哲学依然是一个全新的学科领域，保持着充分的开放性和成长性。在新的时代背景下，随着认知诸科学的发展和突破，研究领域中新问题、新对象的不断涌现，认知哲学会朝着多元化方向行进。首先，认知哲学对已经拉开序幕的诸多认知科学领域中的重要问题要进行深入探索，包括心智双系统加工理论、自由意志、预测心智、知觉—认知—行动模型、人工智能伦理、道德决策、原始智能的涌现机制等等。其次，认知哲学会继续对认知科学本身的哲学前沿问题进行反思和批判，包括心理因果的本质、省略推理法的效力、意识的还原策略、涉身性的限度、情境要素的作用、交叉学科的动态发展结构、实验哲学方法等等，以期在认知科学新进展的基础上取得基础理论问题研究的突破。再次，认知哲学必然要向其他诸般研究人的活动的学科进行交叉。由于认知在人的活动中的基础性，关于认知本身的认识必然为与人的活动相关的一切问题研究提供基础。因此，认知哲学不仅本身是在学科交叉的基础上产生的，它也应该与经济学、社会学、政治学、法学等其他学科相结合，将其研究成果运用于诸学科领域中的相关问题的探讨。在哲学内部，认知哲学也必然会与其他领域哲学相结合，将其研究成果应用到形而上学、知识论、伦理学、美学诸领域。通过这种交叉、运用和结合，不仅相关学科和问题研究会得到推进，同时认知哲学自身也会获得新的发展。

古典哲学，是指东西传统哲学中的典型形态。西方古典哲学通常是指古希腊哲学和建立在古希腊哲学传统之上的中世纪哲学，同时也包括18 世纪末到 19 世纪上半叶以康德和黑格尔为主的德国古典哲学，在某种意义上来说，康德和黑格尔就是古希腊的柏拉图和亚里士多德。无论是作为西方哲学源头的古希腊哲学，还是德国古典哲学，西方学界对它的研究各方面都相对比较成熟，十分注重文本和历史传承，讲究以原文为基础，在历史语境中专题化讨论问题。近年来一系列草纸卷轴的发现及文本的重新编译推动着古希腊哲学研究范式的转换，学者在更广阔的视野中理解古希腊哲学，或是采用分析的方法加以研究。德国古典哲学既达到了传统形而上学的最高峰，亦开启了现代西方哲学。20 世纪德国现象学，法国存在主义、后现代主义等思想潮流从德国古典哲学中汲取了理论资源。特别是二战之后，通过与当代各种哲学思潮的互动、融合，参与当代问题的讨论，德国古典哲学的诸多理论话题、视阈和思想资源得到挖掘和彰显，其自身形象也得到了重塑。如现象学从自我意识、辩证法、社会正义等不同维度推动对古典哲学误解的消除工作，促成了对古典哲学大范围的科学研究、文本研究、问题研究。以法兰克福学派为首的西方马克思主义，从阐释黑格尔总体性、到探究否定辩证法，再到发展黑格尔承认理论，深刻继承并发挥了德国古典哲学的精神内核。在分析哲学潮流下，诸多学者开始用现代逻辑对德国古典哲学进行文本解读；采用实在论或实用主义进路，讨论德国观念论的现实性或现代性。此外，德国古典哲学研究也不乏与古代哲学的积极对话。在国内学界，古希腊哲学，特别是德国古典哲学，由于其与马克思主义哲学的密切关系，受到瞩目和重视。在过去的几十年中，古典哲学家的著作翻译工作得到了加强，出版了不同形式的全集或选集。研究的领域、主题和视阈得到扩展，如柏拉图和亚里士多德的伦理学、政治哲学，康德的理论哲学、美学与目的论、实践哲学、宗教哲学、人类学，黑格尔的辩证法、法哲学和伦理学的研究可谓方兴未艾。中国马克思主义学者从马克思主义哲学与德国古典哲学关系的视阈对古典哲学研究也是独具特色。

中国古典哲学，包括先秦子学、两汉经学、魏晋玄学、隋唐佛学、宋明理学等，是传统中国人对宇宙人生、家国天下的普遍性思考，具有自身独特的问题意识、研究方式、理论形态，构成中国传统文化的核心，深刻影响了中国人的生活方式、思维方式和价值世界。在近现代社会转型中，随着西学东渐，中国传统哲学学术思想得到重新建构，逐渐形成分别基于马克思主义、自由主义、保守主义的不同的中国古典哲学研究范式，表现为多元一体的研究态势与理论倾向。其中胡适、冯友兰等借鉴西方哲学传统，确立中国哲学学科范式。以侯外庐、张岱年、任继愈、冯契为代表，形成了马克思主义思想指导下的研究学派。从熊十力、梁漱溟到唐君毅、牟宗三为代表的现代新儒学，力图吸纳、融合、会通西学，实现理论创造。改革开放以来，很多研究者尝试用西方现代哲学诸流派以至后现代哲学的理论来整理中国传统学术思想材料，但总体上多元一体的研究态势和理论倾向并未改变。在新的时代背景下，随着中国现代化进程进入崭新阶段，面对变化世界中的矛盾和冲突，中国古典哲学研究无疑具有新的语境，有着新的使命。一方面，要彰显中国古典哲学自身的主体性。扬弃用西方哲学基本问题预设与义理体系简单移植的研究范式，对中国传统哲学自身基本问题义理体系进行反思探索和总体性的自觉建构，从而理解中国古典哲学的本真，挖掘和阐发其优秀传统，使中华民族最基本的文化基因与当代文化相适应、与现代社会相协调。另一方面，要回到当代生活世界，推动中国古典哲学的创造性转化、创新性发展。以当代人类实践中的重大问题为切入点，回溯和重释传统哲学，通过与马克思主义哲学、西方（古典和当代）哲学的深入对话，实现理论视阈的交融、理论内容的创新，着力提出能够体现中国立场、中国智慧、中国价值的理念、主张、方案，从而激活中国古典哲学的生命力，实现其内源性发展。

价值哲学、政治哲学、认知哲学、古典哲学，虽然是四个相对独立的领域与方向，然而它们又有着紧密的内在联系，相互影响、相互交融。政治哲学属于规范性哲学和实践哲学，它讨论的问题无论是政治价值、还是政治制度的准则，或者是政治理想，都属于价值问题，研究一般价值问题的价值哲学无疑为政治哲学提供了理论基础。认知哲学属于交叉学科，研究认知的本质，而无论是价值活动，还是政治活动，都不能离开认知，因而价值哲学和政治哲学，并不能离开认知哲学，反之亦然。古典哲学作为一种传统，是不可能也不应该为思想研究所割裂的。事实上，它为价值哲学、政治哲学、认知哲学的研究与发展提供了丰富的思想资源。无论是当代问题的解答，还是新的哲学思潮和流派的发展，往往都需要通过向古典哲学的回溯而获得思想资源和理论生长点，古典哲学也通过与新的哲学领域和方向的结合获得新的生命力。总之，为时代和实践所凸显的价值哲学、政治哲学、认知哲学、古典哲学，正是在它们相互联系相互交融中，共同把握时代的脉搏，解答时代课题，将人民最精致、最珍贵和看不见的精髓集中在自己的哲学思想里，实现哲学的当代发展。

北京师范大学哲学学科历史悠久、底蕴深厚，始终与时代共命运，为民族启慧思。1902 年建校伊始，梁启超等一批国学名家在此弘文励教，为哲学学科的建设奠定了基础。1919 年设立哲学教育系。1953 年，在全国师范院校率先创办政治教育系。1979 年改革开放之初，在原政治教育系的基础上，成立哲学系。2015 年更名为哲学学院。经过几代学人的辛勤耕耘，不懈努力，哲学学科蓬勃发展。目前，哲学学科形成了从本科到博士后系统、完整的人才培养体系，拥有马克思主义哲学、外国哲学等国家重点学科、北京市重点学科，教育部人文社会科学重点研究基地价值与文化中心，国家教材建设重点研究基地“大中小学德育一体化教材研究基地”，Frontiers of Philosophy in China、《当代中国价值观研究》《思想政治课教学》三种学术期刊，等等，成为我国哲学教学与研究的重镇。

北京师范大学哲学学科始终坚持理论联系实际，不断凝聚研究方向，拓展研究领域。长期以来，我们在价值哲学、人的哲学、马克思主义哲学基础理论、儒家哲学、道家道教哲学、西方历史哲学、科学哲学、分析哲学、古希腊伦理学、形式逻辑、中国传统美学、俄罗斯哲学与宗教等一系列方向和领域，承担了一批国家重大重点研究项目，取得了有影响力的成果，形成了具有鲜明京师特色的学术传统和学科优势。面对当今时代的挑战，实践的召唤，我们立足于自己的学术传统，依循当代哲学发展的逻辑，进一步凝练学科方向，聚焦学术前沿，积极探索价值哲学、政治哲学、认知哲学、古典哲学的重大前沿问题。为此，北京师范大学哲学学院、教育部人文社会科学重点研究基地价值与文化研究中心和中国社会科学出版社合作，组织出版价值哲学、政治哲学、认知哲学、古典哲学之京师哲学丛书，以期反映学科最新研究成果，推动学术交流，促进学术发展。

世界历史正在进入新阶段，中国特色社会主义已经进入新时代。这是一个社会大变革的时代，也一定是哲学大发展的时代。世界的深刻变化和前无古人的伟大实践，必将给理论创造、学术繁荣提供强大动力和广阔空间。习近平指出："这是一个需要理论而且一定能够产生理论的时代，这是一个需要思想而且一定能够产生思想的时代。我们不能辜负了这个时代。"北京师范大学哲学学科将和学界同道一起，共同努力，担负起应有的责任和使命，关注人类命运，研究中国问题，总结中国经验，创建中国理论，着力构建充分体现中国特色、中国风格、中国气派的哲学学科体系、学术体系、话语体系，为中华文明的伟大复兴贡献力量。

目　录

绪　论

一　问题的提出

随着信息化、数字化程度的不断提高以及互联网、物联网和云计算技术的迅猛发展，人们生产数据、获取数据的能力越来越强，数据的量不仅以指数的形式递增，而且这种增长趋势已经突破了摩尔定律。据估计，人类从书写文明开始到2006年，总共才积累了180 EB的数据，而在2006年和2011年之间，数据的总数就增长了10倍，即达到了1,800 EB。IDC的数据显示，2013—2017年仅4年的时间，全球数据就增长了30%—50%。到2020年人类拥有的数据将达到35.2ZB。① 与此同时，数据在类型、维度、速度、完备性等方面都有了突出的变化，而技术的发展又使得对数据的获取速度、存储与传输速度、处理速度大大增加，这就赋予"数据"以更加深层的内涵——"大数据"。辩证唯物主义认为："量变将引发的质变"，而这一质变过程在大数据研究领域也开始显现，最为典型的是以前难以处理的复杂现象，在大数据框架下可以得到很好的处理，尤其是对于社会问题、人类行为以及商业活动等复杂领域，大数据技术已经显示出其非凡的价值。正因如此，大数据已经在企业、政府和学术等各个领域，获得了足够的重视，大数据业已成为这个时代重要的资源。

从大量成功的大数据研究案例来看，大数据不仅改变了科学研究的方式、方法，还改变了科学研究的对象。最关键的是，大数据也有能力

---

① 1EB（Exabyte，百亿亿字节，艾字节）$=10^{18}$B；1ZB（Zettabyte，十万亿亿字节，泽字节）$=1000\text{EB}=10^{21}$B。

告知人们如何理解自然世界、人类社会和生活，即“它为人类提供了一种全新的认识论和方法论，以便人类更为有效地理解世界与自身”。因此，研究认为，大数据将引发认识论的“范式革命”，而且这场革命正在进行，因为大数据改变的不仅是物质层面和思想方法层面，它还改变着人类的世界观。

当大数据向各领域迅速渗透且取得的成果越来越多时，人们很可能陷入对大数据的无限崇拜。这种崇拜是在工具主义与实用主义思想裹挟下的必然产物。对大数据过度崇拜的最直接后果是对长期以来人们所追求的事物发生、发展的因果、机制机理等人类理性的怀疑，同时也伴随着对理论驱动、问题驱动的研究方式以及对理论价值的否定。

在此背景下，科学哲学作为审视和反思科学与技术的利剑，理清大数据的认识论和方法论等哲学问题，将对于人们理解大数据，使这项技术更好地、更全面地发展具有积极意义。

本研究将以中立的立场与视角进入大数据这一领域，结合具体案例，对与大数据相关的哲学问题展开研究，试图为大数据建立一种可以接受的认识论方案。通过研究，希望达成两方面的目的：第一，明晰大数据认识论中的基本问题。如大数据是如何认识世界的？它与经典的方法，尤其是小数据的方法、经验科学的方法有什么异同？作为一种新的认识模式，它是对哪种旧范式的革命？大数据背景下因果与相关的关系以及理论的价值等。第二，由于大数据涉及对经验的数据化，因此，经验、经验主义是大数据认识论绕不开的话题。尤其是近几年，由于大数据与深度学习结合而引发的人工智能领域的巨大进展，深刻地揭示了机器、机器的“经验”在大数据认识论中的地位。因此，本书强调一种以机器“经验”为基础的非人类中心主义认识论，它将机器视为一类独立的认识主体。

二　大数据哲学研究的现状

（一）文献计量研究

对相关文献的计量研究包括两部分，一是对“中国知网”中的中文学术论文的统计分析；另一部分是对“Web of Science”中的英文学术论文的统计分析。数据分析方法是使用 Python 进行数据爬取，并对数据进行统计以及可视化。

1. 对“中国知网”中研究论文的量化分析

（1）在“中国知网”中，以“篇名”+“关键词”=“大数据”为检索指令，对“期刊”库中的“中文文献”进行“精确”搜索，时间跨度设定为2018年以前。总共出现26537条检索结果[①]，按年度分布曲线如图0—1所示。

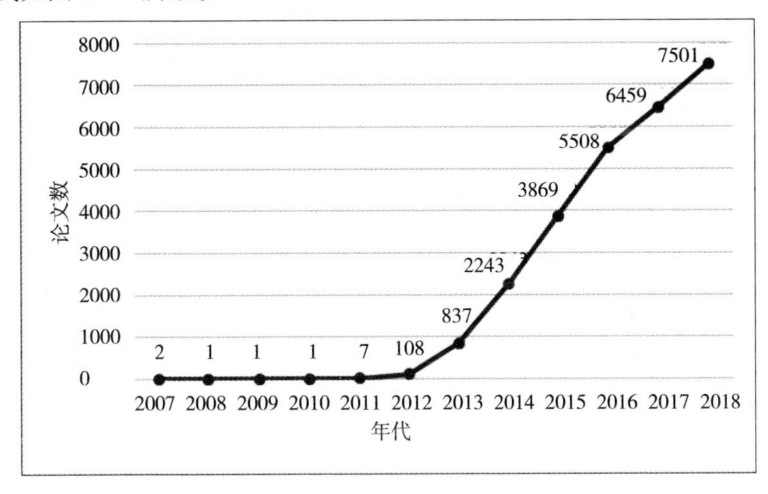

图0—1　中文论文数按年代分布曲线图

从图0—1可以看出，自2012年起，关于大数据的研究就迅速增长，到了2016年之后，增长率有所变缓。说明大数据研究在经历了一段“热潮”之后，近两年有所降温，这与我们的直观感觉也是相吻合的，但总体上来说，大数据仍旧是学界关注的热点问题之一。

（2）为了了解哲学领域对大数据研究的情况，我们在“中国知网”中，仅对CSSCI（包括源刊和扩展源刊）刊物中的哲学类期刊（16种）所发表的与大数据有关的论文进行检索，检索命令为“主题=大数据”

① 检索时间为2019年1月1日。

的“精确搜索”[①]，对搜索结果进行清洗[②]，最终得到77篇研究论文，结果如表0—1所示。

表0—1 期刊名与论文数统计表

期刊名	文章数	期刊名	文章数
道德与文明	2	科学技术哲学研究	5
哲学研究	3	伦理学研究	6
自然辩证法通讯	9	自然辩证法研究	33
哲学分析	6	系统科学学报	4
哲学动态	7	周易研究	2

2. 对Web of Science中研究论文的量化分析

（1）对“Web of Science”数据库做布尔搜索：“（TS =（big data * AND big - data）AND TI = big data）AND 语种：（English）AND 文献类型：（Article）”，时间跨度设定为2018年之前[③]。出现2890条检索结果，按年度的分布曲线如图0—2所示。

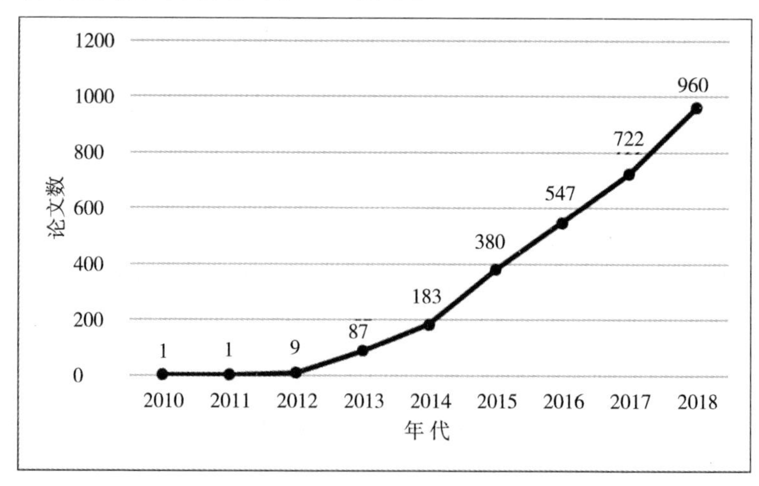

图0—2 英文论文数按年代分布曲线图

① 检索时间为2018年11月16日。
② 主要是删除非大数据哲学研究的文章。
③ 检索时间为2019年1月1日。

从图0—2可以看出，从2012年起，英文文献中关于大数据的研究迅速增长。而自2017年开始，增长率有所增加。我们将中文文献和英文文献的数据进行对比，如下图0—3所示。

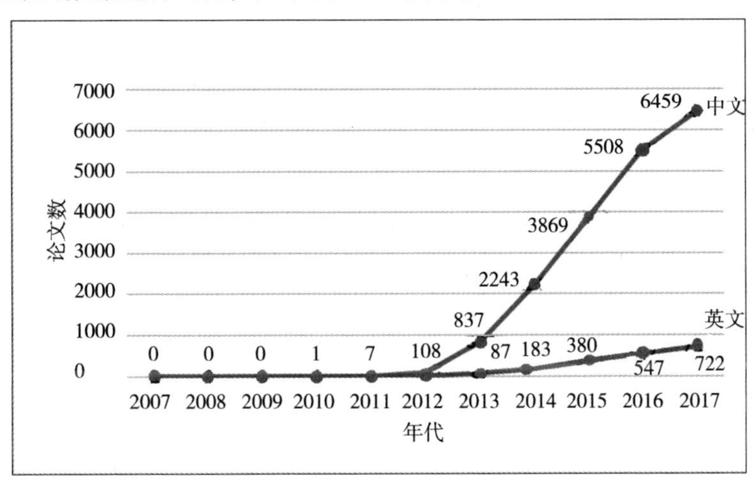

图0—3　中、英文文献对比图

由图0—3可以看出，中、英文文献中，2012年都是发生突变的一年，此后都在迅速增长。所不同的是，英文文献一直保持着稳定的增长率，没有出现如中文文献中增长率变小的节点和趋势。

（2）为了了解英文文献中对大数据哲学研究的情况，我们在“Web of Science”中，仅对哲学社会科学类期刊中发表的与大数据相关的论文进行布尔检索，检索条件为“（TS = big data AND SU = philosophy）AND 语种：（English）AND 文献类型：（Article）”。[①] 对数据进行清洗[②]，最终获得49篇文献，结果如下表0—2所示。

① 检索时间为2018年11月16日。
② 主要是删除非哲学研究的文章。

表 0—2 **期刊名与论文数统计表**

期刊名	文章数	期刊名	文章数
BIOLOGY & PHILOSOPHY	2	PHILOSOPHY OF SCIENCE	4
ENGINEERING STUDIES	1	FOUNDATIONS OF SCIENCE	1
HERALD OF THE RUSSIAN ACADEMY OF SCIENCES	2	HISTORICAL STUDIES IN THE NATURAL SCIENCES	1
HISTORY AND PHILOSOPHY OF THE LIFE SCIENCES	4	STUDIES IN HISTORY AND PHILOSOPHY OF MODERN PHYSICS	1
JOURNAL OF THE HISTORY OF BIOLOGY	1	PERSPECTIVES IN BIOLOGY AND MEDICINE	1
OSIRIS	11	NEW GENETICS AND SOCIETY	4
BRITISH JOURNAL FOR THE PHILOSOPHY OF SCIENCE	2	SCIENCE AND ENGINEERING ETHICS	1
SOCIAL STUDIES OF SCIENCE	4	ISIS	6
SYNTHESE	2	TECHNOLOGY AND CULTURE	1

（二）基于 FP – tree 关联算法的文献主题研究

关键词是以论文文献的标引为目的的，从题目、摘要和全文中提取的能凝聚和体现论文的重点、结构和路径的一组词语。所以挖掘该领域所有研究论文关键词之间的关联规则，可以较为准确地展现该领域的整体研究情况和具体的研究进路。

1. FP - tree 关联算法概述

关联规则挖掘的主要目的是为了在众多的数据之间挖掘隐藏在事物之间的强规则，最初是由阿加瓦尔（R. Agrawal）等人提出的从数据集中挖掘知识（Knowledge Discovery in Database，KDD）的一个重要研究课题[①]。一般来说，关联规则的挖掘可以分为两步：首先从原始数据集中找出所有的频繁项集（当某一项集在所有记录中出现的频率达到或超过某一水平时，就将其称之为频繁项集）；然后再由这些频繁项集产生关联规则[②]。FP - Tree（Frequent Pattern Tree，频繁模式树）算法是一种挖掘频繁项集关联规则的算法，是通过对 Apriori（一种关联规则的经典算法）算法的改良而产生的，对关联性挖掘具有较高效率[③]。由于 FP - tree 可以用树形结构展现关联信息，因此它被广泛地应用于各个领域。

2. 数据处理流程

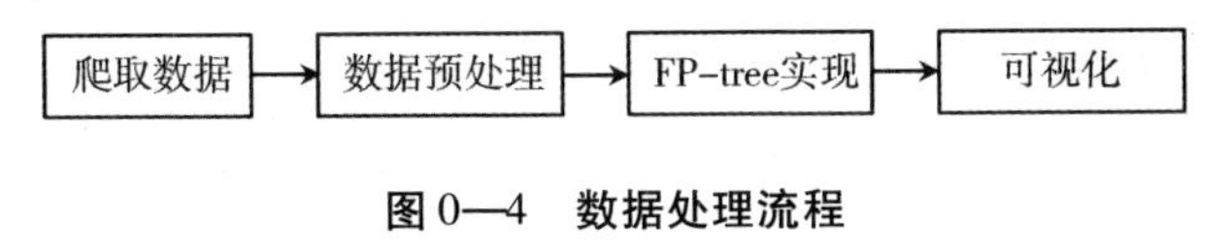

图 0—4　数据处理流程

（1）爬取数据与数据预处理

首先，用网络爬虫在学术论文库中爬取论文关键词构成数据集，并对数据集进行预处理。预处理包括清洗数据和结构化处理。清洗数据包括删除无关数据、补充缺失数据、合并同义数据等；结构化即将所有论文出现的关键词按出现的频次进行统计，然后将每一篇论文的关键词按总关键词出现的频率降序排列，形成频繁项集。比如，以 Paper 为论文，keywords 为关键词的结构化数据处理结果如下表 0—3 所示。

---

① Agrawal R.，Imielinski，Tomasz，Swami A.，"Mining Association in Large Databases"，*ACM SIGMOD Record*，1993，Vol. 22（2）：207 - 216.

② 刘华：《FP - tree 关联规则算法在推荐系统中的应用》，《信息技术》2015 年第 11 期。

③ 邵伟：《基于 FP - Tree 的关联规则挖掘算法研究》，硕士学位论文，西安电子科技大学 2010 年，第 11—18 页。

表 0—3　　频繁项集

Paper	Keywords	Keywords 降序处理
1	*a*，*b*，*c*	*b*，*a*，*c*
2	*b*，*d*	*b*，*d*
3	*b*，*c*	*b*，*c*
4	*a*，*b*，*d*	*b*，*a*，*d*
5	*a*，*c*	*a*，*c*
6	*b*，*c*	*b*，*c*
7	*a*，*c*	*a*，*c*
8	*a*，*b*，*c*，*e*	*b*，*a*，*c*，*e*
9	*a*，*b*，*e*	*b*，*a*，*e*

（2）FP－tree 实现

在 python 语言下编写 FP－tree 算法，读取数据，得出用于在 gvedit 上绘图的数据连接代码。

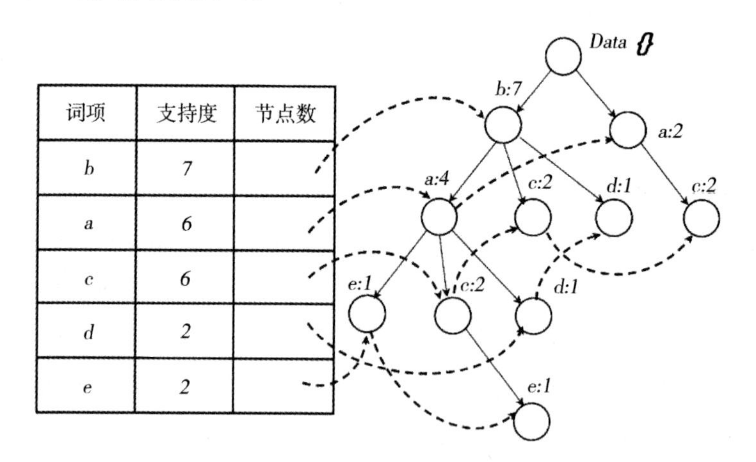

图 0—5　FP－tree 实现示意图

由于一篇论文中的所有关键词都是相互关联的，在所有论文的关键词｛a，b，c，d，e｝中，关键词 b 的频次最多（去掉频次小于支持度的关键词），那么 b 可以看作是这类论文中以普遍形式存在的关键词。再从某一篇论文中的关键词来看，例如 paper1 中的关键词有｛a，b， c｝，b 这个关键词与其他频次小于或等于 b 的关键词 ｛a，c｝ 相互关联，互为支撑。当数据集增大时，不光会有新的关键词数出现，而且某些关键词出现的频次也会增加。出现次数多的关键词就能更多地关联新的关键词，为新的概念提供理论支撑。当数据量足够大时，就会涌现出较为普遍的规律。对于已经去掉小于支持度的关键词集合，e 的频次最低，因此不需要再去掉 e。比如：从所有论文的关键词出发，paper1 中，关联路径为 b - > a - > c，paper 8 中，关联路径为 b - > a - > c - > e，e 共出现了 2 次，所以与 e 产生关联的只有 2 条路径。①

（3）可视化

在 gvedit 上绘制树形结构的 fdp 类型图，直观展示该领域由关键词关联关系体现的研究重点、趋势和进路等。

2. 基于 FP - tree 关联算法的大数据哲学主题研究

（1）获取数据与预处理

用 Python 软件爬取以上表 0—1 中 77 篇论文的关键词，并对关键词进行数据预处理。预处理包括：①对没有关键词的文章，通过阅读全文补充关键词；②将词义相同或相近的不同的词，用同一个词表示，如将"研究范式""范式"统一为"范式"；"因果性""因果关系""因果"统一为"因果关系"。最终获得的关键词总数为 226 个。将这 226 个中文关键词可视化，结果如图 0—6、图 0—7 所示。

从图 0—6、图 0—7 可以看出：①即使在大数据的哲学研究领域，研究的关键点分布也比较广（226 个关键词）；②在这些众多的研究点中，比较突出的关键词正是近些年哲学领域关注较多、并进行深入研究的主题；③这些关键词反映的正是哲学研究的核心问题，如本体论、伦理、因果关系、相关关系、数据、认识论、范式、知识、数据密集型、表征、理论等。

同理，用 Python 软件爬取表 0—2 中 49 篇论文的关键词，并对关键词进行数据预处理，包括：①对没有关键词的文章，通过阅读全文补充

① 刘华：《FP - Tree 关联规则算法在推荐系统中的应用》，《信息技术》2015 年第 11 期。

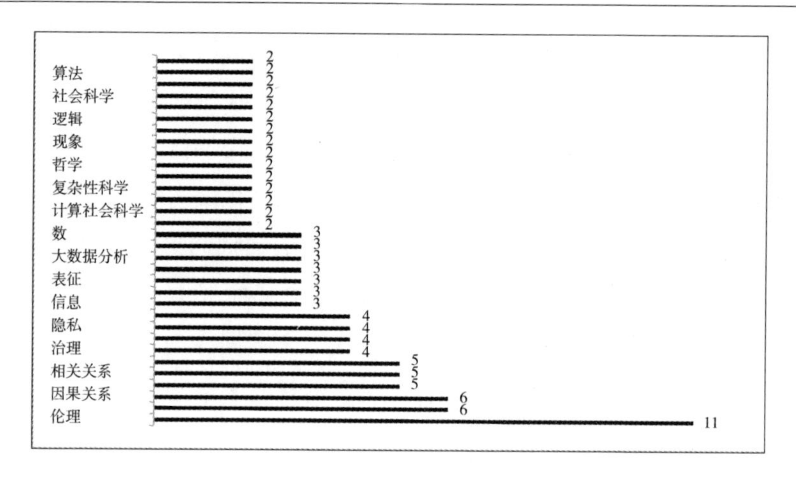

图 0—6　关键词词频图

图 0—7　关键词词云图

关键词。②将词义相同、相近的不同的词，用同一个词表示，如将“algorithm”“algorithms”统一为“algorithms”；“qualify”“qualification”统一为“qualification”。最终获得关键词的总数为 201 个。将这 201 个中文关键词可视化，结果如图 0—8、图 0—9 所示。

从图 0—8、图 0—9 可以看出：①英文文献中大数据哲学研究的关键词分布也比较广（201 个关键词）；②在众多的研究主题中，一方面，本体论、伦理、因果关系、认识论、数据密集型、数据驱动等主题，如同对国内文献研究结果一样，都是研究的焦点；另一方面，存在一些差别：国外研究更注重大数据与自然科学、社会科学的结合，Bioinformat-

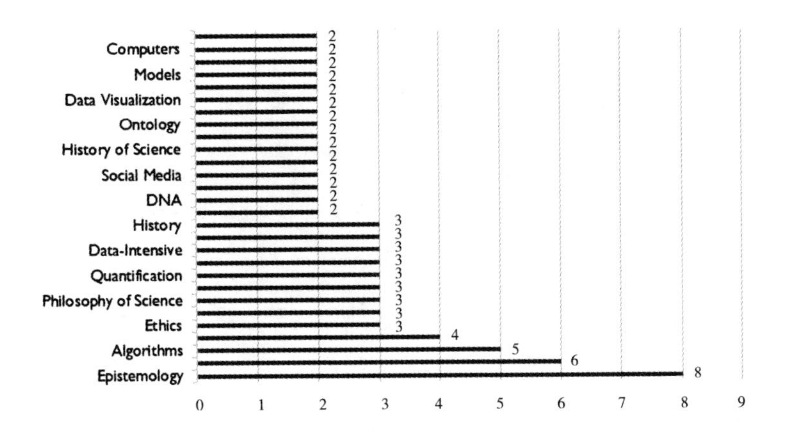

图 0—8　关键词词频图

图 0—9　关键词词云图

ics、Social Media、DNA、Cosmology、Cell Research、Plant Biology 等关键词的出现是最好的例证。

（2）关键词的 FP – tree 实现

按照上文所讲的流程，对以上中、英文关键词样本进行处理，分别画出树形结构的 fdp 图。图 0—10、图 0—11 分别所示为最小支持度为 1 的中、英文文献关键词的树形结构 fdp 图。

由于 fdp 图反映的是词与词之间的联系：①如果连接一个词的“边”数比较多，说明该词的重要程度高，并且与该词相关的研究主题

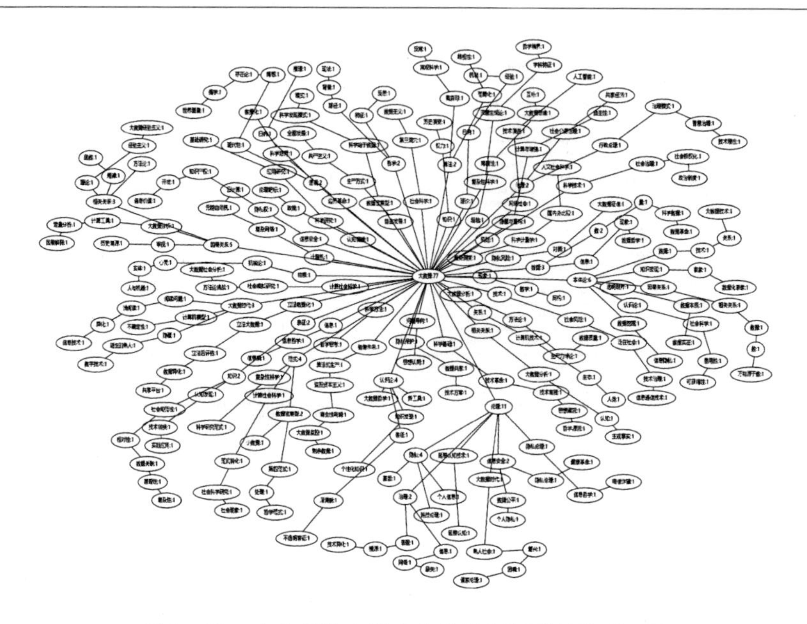

图 0—10　支持度为 1 的中文关键词树形结构 fdp 图

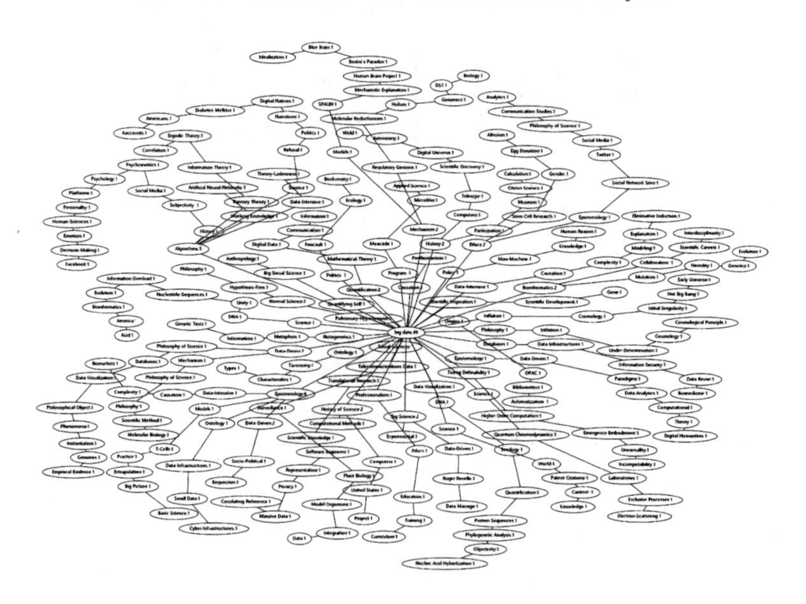

图 0—11　支持度为 1 的英文关键词树形结构 fdp 图

比较多；②如果由一个词延伸出的“边”的数越多（即扩展的越长），说明对于该主题的研究越深入。比较图 0—10 和图 0—11 两个中、英文关键词树形结构图，可以发现：①尽管英文关键词比中文关键词少，但是英文关键词的网络结构更为复杂；②英文关键词的连线长度相对更长，并且“长”边的数目较多，这说明在英文文献中，对相关问题的研究更为细致、深入。

为了更清楚、直观地显示研究主题之间的关系，对 fdp 图进行“剪枝”处理，即增加最小支持度的值（相当于去掉弱关联的项目）。以下是剪枝后的 fdp 图（最小支持度为 2）。

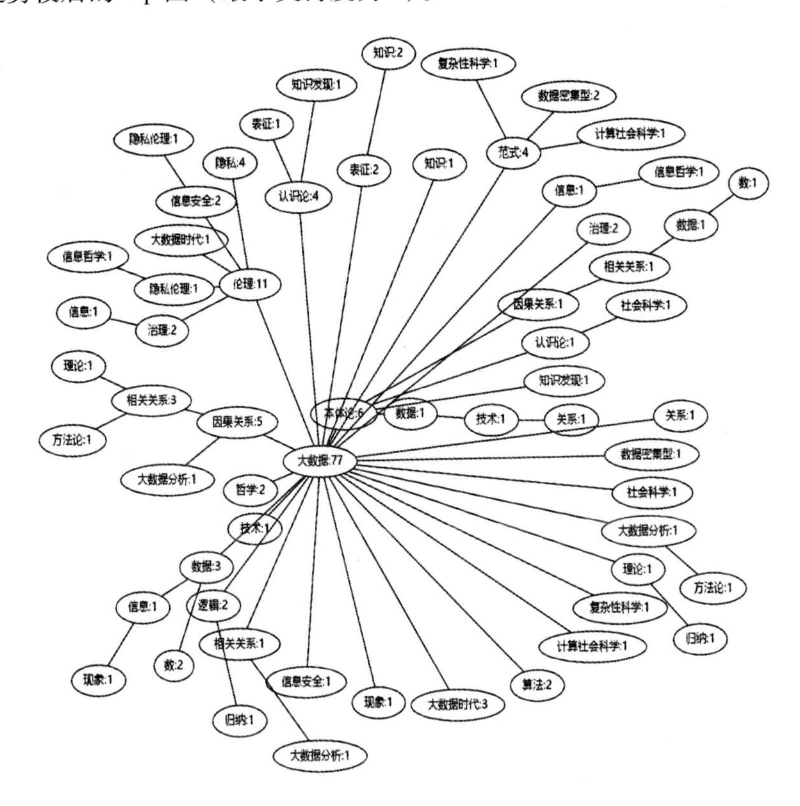

图 0—12　支持度为 2 的中文关键词树形结构 fdp 图

由图 0—12 可以看出，在大数据哲学研究中：①重点关注的问题有“本体论”“伦理”“认识论”“因果关系”“数据”“范式”“相关关系”；②研究较为深入的主题有：a 伦理。由“伦理”引发了 i）伦理—信息安全—隐私伦理、ii）伦理—隐私伦理—信息哲学、iii）伦理—治理—信息三条较为深入的研究线索。b 本体论。由“本体论”引发了 i）本体论—因果关系—相关关系—数据—数、ii）本体论—数据—技术—关系、iii）本体论—认识论—社会科学三条深入的研究线索。c 因果关系。与“因果关系”相关的线索有：i）因果关系—相关关系—理论；ii）因果关系—相关关系—方法论。d 数据。与“数据”相关的较为深入的研究线索是：数据—信息—现象。此外，还有诸如：大数据—表征—知识、大数据—范式—数据密集型、大数据—数据—数、大数据—逻辑—归纳、大数据—信息—信息哲学等研究线索。

结合图 0—10，目前，在中文文献中主要研究的问题和线索有：①大数据—因果关系—相关关系—理论—经验主义—大数据经验主义；②大数据—本体论—知识发现—表象—数据化表象；③本体论—因果关系—相关关系—数据—数—万物源于数；④大数据—范式—数据密集型—小数据；⑤大数据—范式—数据密集型—第四范式。

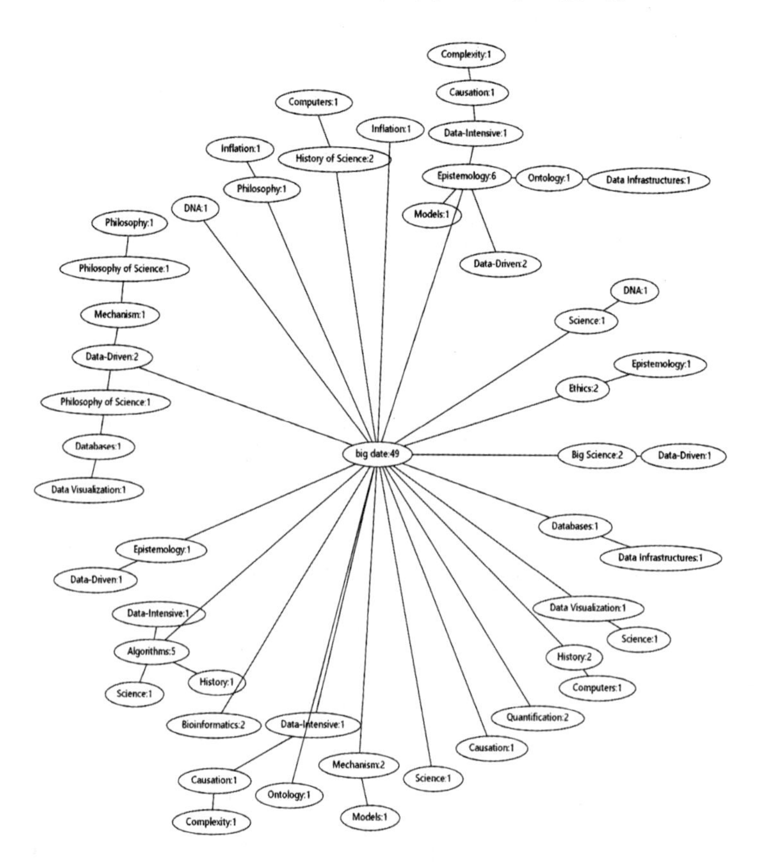

图 0—13 支持度为 2 的英文关键词树形结构 fdp 图

由图0—13可以看出，在英文文献中：①重点关注的问题有“认识论”“算法”“数据驱动”“伦理”“科学史”等；②研究较为深入的有：a认识论。由“认识论”引发了i）认识论—数据驱动—因果—复杂性、ii）认识论—本体论—数据基础两条深入研究的线索。b数据驱动。由“数据驱动”引发了i）数据驱动—科学哲学—数据库—数据可视化、ii）数据驱动—机制—科学哲学—哲学两条深入研究的线索。c数据密集型。与“数据密集型”相关的研究线索是：数据密集型—因果关系—复杂性。此外，还有诸如：大数据—算法—科学、大数据—算法—数据密集型、大数据—机制—模型、大数据—大科学—数据驱动、大数据—认识论—数据驱动等研究线索。

结合图0—11，目前，在英文文献中主要研究的问题和线索有：①大数据—数据密集型—因果关系—模型—解释；②大数据—认识论—数据驱动—范式—数据分析；③大数据—认识论—本体论—小数据；④大数据—认识论—数据驱动—经验主义；⑤大数据—算法—数据驱动—理论负载。

（三）大数据哲学研究文献综述

从以上的量化分析来看，对大数据的哲学研究从一开始的表观、零散研究，目前已经趋于聚焦与深化，各项研究都逐步走向“深水区”，包括对大数据概念、特征及其方法的全面深化以及系统的认识论的建立等。

1. 国内研究综述

（1）著作。虽然国内还没有大数据哲学研究的著作，但有相当一部分关于大数据与人工智能方面的科普类著作，对大数据在哲学层面有零星的思考。曾任职于谷歌研究院的吴军博士，先后出版了《数据之美》和《智能时代——大数据与智能革命重新定义未来》两本相当有影响力的著作。借助其在自然语言处理、算法设计等方面的知识背景和经验，对大数据、算法、智能设计与大数据的关系作了深入的哲学思考。[①] 其中，大数

① 吴军：《数据之美》（第二版），人民邮电出版社2014年版，第286—287页。

据具有“多维性”与“完备性”特征的观点被广泛接受。他还指出，由大量数据、较少的迭代训练出来的模型，要比用少量数据、进行深度学习训练出的模型效果更好。将来用大量数据，进行深度学习训练复杂模型，是一种趋势，效果也会有质的飞跃。[①] 与吴军博士的观点类似，曾任谷歌全球副总裁的李开复博士认为，大数据携手深度学习将带来第三次 AI 的热潮，大数据、大规模计算、深度学习“三位一体”。[②]

李德伟等人在《大数据改变世界》一书中预言，未来的一二十年是由“大数据”推动和引导的改天换地的智能化时代，并且提出大数据的“界”，认为数据一旦与具体事物联系起来，就体现了处于观察对象位置的具体事物的数和结构关系。而当人们认识的对象世界的数据越来越多，关于世界结构的信息也就越多，世界结构也就越来越清楚。因此，他指出：“大数据与世界本身是对等的。”[③] 涂子沛在《大数据》一书中将大数据比喻为石油和金矿，是社会发展的动力和资源，并且认为大数据将带来“大知识”“大科技”“大利润”和“大发展”。同时他也深入讨论了数据、信息和知识三者之间的区别与联系，并从数据价值和数据规模两个维度为三者构建了一个金字塔的模型。[④]

（2）论文。比较深入的哲学研究论文在近几年有显著的增加，从量化图示我们就可以看出，目前已经形成了一些较为聚焦和深入的研究主题和研究线索。叶帅在毕业论文《数据的哲学研究》中，梳理了数据本体论的三种进路，即经验主义、基础主义和建构主义；概括了数据语义模型的经验主义特征，并对伯根和伍德沃德（Bogen, J. & Woodward, J.）提出的 D－P－T（数据—现象—理论）三元模型进行了剖析，认为这种基础主义特征的三元模型不能解决数据的客观性以及从数据到理论的合法性困境等。最后，他提出了“数据—现象—理论”的

① 吴军：《智能时代：大数据与智能革命重新定义未来》，中信出版集团 2016 年版，第 249—253 页。

② 李开复、王咏刚：《人工智能》，文化发展出版社 2017 年版，第 69—74 页。

③ 李德伟、顾煜、王海平等：《大数据改变世界》，电子工业出版社 2013 年版，第 74—75 页。

④ 涂子沛：《大数据》，广西师范大学出版社 2013 年版，第 78—80 页。

动态的建构主义模型，认为在认识论上来说，这种动态模型是对经验主义和基础主义的整合，其结果是为现象提供了本体论承诺。[①] 但是这种分析是以科学数据为前提和基础的，而大数据的内涵显然要远远超出科学数据，并且存在的主要问题是：第一，D－P－T 模型本身是用以解释科学研究中的认识论问题的，其在科学研究领域被普遍接受；第二，关于引用的“数据密集型科学”与“第四范式”的说法，只是表明了大数据中的一个方面，并不能代表整个大数据。因此我们认为，将这一模型的适用性划归于“数据密集型科学”的认识论模式才是较为严谨的做法。刘红在《数据哲学研究》中，对“数据”的历史演变、本体论、认识论和方法论做了系统研究，并且提出了“两次数据革命”的观点：第一次是基于数学和实验方法所奠立的近代科学所引发的范式变革。这一范式使得科学数据得以规范化，从而提升了数据的价值；近年来的大数据是数据的第二次革命。与以前的数据相比，大数据在量和类型上发生了质的变化，并且已经引发了科学研究方法的改变。在关于数据概念的演变中，刘红试图挖掘关于数据的本体论，并且以伯根和伍德沃德的三元模型为基础，提出了“数据、现象、观察和理论（DPOT）”的四元模型[②]。这项研究对于数的历史演变与本体论追问，并且试图建立一种数据哲学，从而将大数据纳入数据哲学的思路非常明确，但是由于其涉及“数据哲学”的整体框架，工作量太大、太复杂，另外，这项研究完成之时（2012 年），正是大数据风起云涌之时，很多大数据的颠覆性的研究是在 2012 年之后，如谷歌流感预测、谷歌的人机大战等；第三，当时国内外对大数据的哲学研究还都处于对其表象、表观问题以及伦理方面的整体概括，很少有深入涉及认识论问题的研究。因此，以“数据是数、量、数据、大数据的总和”为基础，建立关于数据的哲学框架，并以此来解释大数据，对大数据的本质挖掘来说还缺乏说服力。中国社会科学院段伟文研究员在《大数据知识发现的本体论追问》一文中，提出了大数据认识论中的基本问题，包括大数据的表征问题及其

① 叶帅：《数据的哲学研究》，硕士学位论文，东华大学 2015 年，第 3—47 页。

② 刘红：《科学数据的哲学研究》，博士学位论文，中国科学院大学 2013 年，第 3—138 页。

认识论后果。他认为，按照大数据主义的全样本承诺，实际上是在本体论上预设了“大数据集是等同于世界中的存在及其历时性过程的数据化表象”，相当于认为大数据表征的世界就是与真实世界对应的平行世界。由于大数据的可实践性，这种本体论预设必须得到落实。因此他认为“将作为世界的数据化表象的大数据集视为一种介于真实的世界现象与基于数据的知识发现之间的媒介性的存在”，以此提出了“现象—表征表象—样貌表象—知识”的大数据知识发现的路线图，并且对大数据知识的地位和作用提出了三种解决模式，即多元主义、诠释学和能动者实在论。[①] 齐磊磊博士在国内首次提出了大数据经验主义的概念，并且概括了大数据经验主义的基本观点，以此区分了大数据经验主义与大数据主义两个互相缠绕和被混用的概念[②]。她对大数据经验主义的概括以及反驳意见，都很有启发，尤其是其利用复杂系统科学的理论对大数据的解读，揭示了复杂系统科学与大数据之间的关系。除此以外，她还认为在大数据视域下审视因果关系和相关关系，对哲学和大数据哲学研究都非常有益。她将相关关系进行划分，具体细分为因果关系、统计因果关系和非因果关系，并且结合函数、相关、规律与因果的关系，对三种相关作了讨论。[③] 黄欣荣教授对大数据的研究最为广泛和全面，涉及本体论、认识论、方法论和伦理等各个方面。他对舍恩伯格等人所提出的大数据的“全样本、混杂性、相关性”做了一系列的辩护，[④] 并且也概括了大数据经验主义的观点。南开大学哲学系贾向桐教授将大数据新经验主义的观点归纳为三点：（1）数据因其巨量性，使其可以在不借助理论的情况下自己发声，并且呈现自身的真理性；（2）传统的“理论驱动”的研究范式被大数据技术的发展突破，因为基于假说、模型、验证的科学方法对于大数据来说失去了有效性，代之以一种以“数据驱动”的范式，这种转变在颠覆了“观察负载理论”的观念的基

---

① 段伟文：《大数据知识发现的本体论追问》，《哲学研究》2015 年第 11 期。

② 齐磊磊：《大数据经验主义——如何看待理论、因果与规律》，《哲学动态》2015 年第 7 期。

③ 齐磊磊：《由大数据引起的对因果与相关的讨论》，《自然辩证法研究》2017 年第 5 期。

④ 黄欣荣：《大数据的本体假设及其客观本质》，《科学技术哲学研究》2016 年第 2 期。

础上，通过大数据实践，重新肯定了经验的根本意义和独立价值；(3）在认识模式上可简单概括为从因果性向关联主义（connectivism）认知的转变。[①]

2. 国外研究综述

（1）著作。维克多·迈尔-舍恩伯格（Viktor Mayer - Schönberger）和肯尼斯·库克耶（Kenneth Cukier）在他们的畅销书《大数据时代：生活、工作与思维的大变革》（*Big Data, A Revolution, That Will Transform How We Live , Work, and Think*）中，对大数据的特征、思维方式等方面所做的概括，成为后期哲学研究的重点。尤其是对大数据将引发的三方面认识论上的变革，即“更多”（全体优于部分)，“更杂”（杂多优于单一)，“更好”（相关优于因果)、“大数据本身、大数据技能、大数据思维”三足鼎立以及在大数据时代“专家的消亡”或者其主导地位将不复存在等观点，非常具有启发性。[②] 舍恩伯格在之后推出的《删除：大数据取舍之道》（*Delete: The Virtue of Forgetting in The Digital Age*）一书中，提出了大数据的一大隐忧：数字记忆的难于遗忘性。他认为大数据将人类的“记忆是例外，遗忘是常态”的平衡打破，使“遗忘成例外，记忆成常态”。对此，他提出了人类应对数据记忆和信息安全的6大对策，并且认为未来需要的是一种“能衰退”的存储系统。[③] 纽约大学统计学教授冯启思（Feng Kaiser）在《数据统治世界》（*Numbers Rule Your World*）一书中提出，数据已经统治着我们的世界，在这种背景下，对于一个普通人来说，掌握一种数字化的生存方式，即应用统计式思维才能使自己成为一个真正的现代人。由于统计学无处不在，因此统计思维是在大数据时代从众多繁杂信息中使自身获得真相的科学利器。尤其是对“关注异常值，而非平均值”“相关比因果重要”

---

① 贾向桐：《大数据的新经验主义进路及其问题》，《江西社会科学》2017年第12期。

② Schönberger M. V. , Cukier K. *Big Data , A Revolution : That Will Transform How We Live , Work , and Think.* Houghton Mifflin Harcourt, 2013, pp. 1 – 198.

③ Schönberger M. V. , *Delete: The Virtue of Forgetting in The Digital Age.* Princeton University Press, 2011, pp. 1 – 200.

“小概率的力量”的阐述，非常值得借鉴。[①] 史蒂夫·洛尔（Steve Lohr）在《大数据主义：一场发生在决策、消费者行为以及几乎所有领域的颠覆性革命》（*Data - ism*：*the revolution transforming decision making*, *consumer behavior*, *and almost everything else*）一书中统计了专业机构的大数据规模与速度，结果表明这个世界在大数据和云计算的互动中已经进入了一个由大数据构筑而成的数字世界。并且指出，由于数据的种类越来越多，算法的智能水平越来越高，这种良性循环将借助大数据的力量，推动人工智能领域的新发展。同时，机器能学习的任务越多，将意味着人对自身的理解越深入。[②] 罗宾·基钦（Rob Kitchin）在《大数据的变革》（*The Data Revolution*）一书中较为系统地论述了大数据的哲学问题。通过对众多案例的研究，他概括了大数据的七个特征，即：体量、速度、种类、穷尽性、分辨率和索引性、关联性、延伸性和可扩展性。他还将大数据的认识论问题归结为三类：范式、经验主义和数据驱动，其中对大数据经验主义的概括以及反驳非常具有参考价值。[③] 克里斯丁·伯格曼（Christine L. Borgman）在《大数据、小数据、无数据：网络世界的数据学术》（*Scholarship in the Networked World*：*Big Data*, *Little Data*, *No Data*）中，揭示了在大数据背景下，大数据、小数据和无数据共存的现状，并且通过对数据的各种定义的分类研究，为数据与大数据提出了恰当的定义。他指出，由于数据的特殊性质，对数据、大数据的使用虽然会随应用场景的变化而产生差异，但是作为一种概念，都应该具有稳定的含义[④]。曾担任阿斯彭研究所（Aspen Institute Communications）顾问20年之久的大卫·博利埃（David Bollier）在《大数据的承诺与危险》（*The Promise and Peril of Big Data*）一书中，系

---

① Kaiser F.，*Numbers Rule Your World*：*The Hidden Influence of Probabilities and Statistics on Everything You Do.* The McGraw - Hill Companies，2010，pp. 1 - 24.

② Steve L.，*DATA - ISM*：*The Revolution Transforming Decision Making*，*Consumer Behavior*，*and Almosts Everything Else.* HarperCollins Publishers，2015，pp. 1 - 216.

③ Kitchin R.，*The Data Revolution*：*Big Data*，*Open Data*，*Data Infrastructures and Their Consequences.* Sage，2014，pp. 67 - 80，184 - 193.

④ Borgman C. L.，*Big Data*，*Little Data*，*No Data*：*Scholarship in the Networked World.* The MIT Press，2015，pp. 4 - 17，18 - 30.

统地阐述了学界在大数据认识论问题上存在一些主要争论，如要相关性还是要科学模型？大数据时代应该如何建构理论？大数据有无偏见？数据足够大就够了吗？相关性、因果性及其与预测的关系。并且认为，这些是大数据浪潮所带来的悬而未决的问题，需要深入探讨。[①]

（2）论文。《自然》（*Nature*）、《科学》（*Science*）杂志分别于2008年和2011年先后出版大数据专刊，从互联网技术、互联网经济学、超级计算、环境科学、生物医药等多个方面论述了大数据所带来的挑战。《连线》（*Wired*）杂志的主编克里斯·安德森（Chris Anderson）于2008年发表了引起学术界广泛讨论的关于"理论的终结"（*The End of Theory*）的文章，该文被认为是极端的大数据主义的代表作。他在文中极力鼓吹大数据的认识论价值，并且认为在大数据时代"只需要知道相关关系，不再需要科学或模型，理论将被终结。"[②] 达纳·博伊德和凯特·克劳德（Danah Boyd & Kate Crawford）将大数据作为一种文化、技术和学术现象的数据"生态"系统，这种生态系统依赖于技术、方法和信念三方面的相互作用，并且认为大数据与其他社会技术现象一样，触发了乌托邦和反乌托邦的言辞。她们在"大数据的关键问题"（*Critical Questions for Big Data*）一文中详细阐述了六种乌托邦与反乌托邦的言辞，并且一一作了回应。如大数据是否改变了知识？大数据有无局限性和界限？大数据是否是客观和准确的？更大是不是更好？大数据能不能脱离情境？大数据是否符合道德？以及数字鸿沟问题等。[③] 这些论题都触及了大数据的本质。英国信息哲学领域的专家卢西亚诺·弗洛里迪（Luciano Floridi）于2012年发表了关于大数据认识论的重要论文"大数据及其认识论挑战"（*Big Data and Their Epistemological Chal-*

---

① Bollier D., *The Promise and Peril of Big Data*. The Aspen Institute, 2010, pp. 1－41.

② Anderson C., "*The End of Theory*: *The Data Deluge Makes the Scientific Method Obsolete*", Wired, 2008, *Vol.* 16 (8), *pp.* 1－3.

③ Boyd D., Crawford K., "Critical Questions for Big Data: Provocations for a Cultural, Technological, and Scholarly Phenomenon", *Information*, *Communication & Society*, 2012, Vol. 15 (5), pp. 662－679.

lenge)[①]，在文中对大数据及其隐含的认识论问题做了讨论。其核心思想是，大数据时代的认识论问题已经发生了转变，这种转变就是所谓的“小模式（或简约）（Small patterns）”，即将大数据“缩水”后，变成可管理的量，亦即使“大数据变小”。但是使“大数据变小”是有风险的，因为它们改变了可预测的范畴和界限。[②] 此外，他强烈反对数据本体论，坚持信息作为本体。哥本哈根大学的格诺·里德和朱迪丝·西蒙（Gernot Rieder & Judith Simon）认为，在众多的研究中，属基钦对大数据经验主义认识论的概括最为全面。他认为，新经验主义是一种话语修辞存在，并且在论文中还对大数据作为新经验主义的范式做了更为深入的论述。[③] 前图灵奖得主吉姆·格雷（Jim Gray）于 2007 年 1 月 11 日在计算机科学与电信委员会上的演讲中描绘了关于科学研究的“第四范式”，认为“第四范式”是区别于经验、理论、计算机模拟这三种范式的新范式。因为，“第四范式”是“通过模拟的方法收集或生成数据，并且用软件进行数据处理，处理得到的信息和知识将存储在计算机中。而数据研究者对数据的核查与审视工作只是在整个工作流程的较晚阶段才开始的。”[④] 目前，“第四范式”这一概念已经被移植到大数据认识论之中，大多数研究者都认为它是独属于大数据认识世界的范式。慕尼黑大学科学技术中心的沃尔夫冈·皮奇（Wolfgang Pietsch）首先提出了大数据具有“多维性”与“自动化”的特征，并且通过案例和逻辑分析，阐述了数据在科学研究是如何负载理论以及追求因果性的。[⑤] 亚利桑那大学的马丁·弗里克（Frické Martin）则通过机器学习的例子，

---

① Floridi L.，“Big Data and Their Epistemological Challenge”，*Philos and Technol*，2012，Vol. 25（4），pp. 435 –437.

② Floridi L.，“Big Data and Their Epistemological Challenge”，*Philos and Technol*，2012，Vol. 25（4），pp. 435 –437.

③ Rieder G.，Simon G.，*Big Data：A New Empiricism and its Epistemic and Socio – Political Consequences*，In Wolfgang P.，etal.（Eds），Berechenbarkeit Der Welt? Philosophie Und Wissenschaft Im Zeitalter Von Big Data. Springer，2017，pp. 85 –105.

④ Hey T.，Tansley S.，et al. “Jim Gray on eScience：A Transformed Scientific Method”，*Microsoft Research*，2009，pp. xvii – xxxi.

⑤ Pietsch W.，“The Causal Nature of Modeling with Big Data”，*Philosophy & Technology*. 2016，Vol. 29（2），p. 1 –35.

揭示了理论和数据在归纳算法、统计建模和科学发现中的作用。他们认为理论在每一回合都不可或缺，"数据驱动"的科学可能只是一种幻想。[①] 此外，一些研究者对自然科学的大数据研究案例做了深入的分析，试图通过科学案例，揭示大数据的认识论问题，如萨宾·利奥内利（Sabina Leonelli）通过大数据的生物学研究案例，指出"数据驱动"和"第四范式"以及理论自由的观点在生物大数据研究中是不切实际的。[②] 奥地利学者沃纳·卡勒博（Werner Callebaut）也从生物学大数据研究的角度论述了大数据对传统认识方法的挑战，如大数据生物学的出现，如何使数据说话？基于大数据的生物学到底是一种新科学还是后还原论科学？等。[③]

美国科学哲学家保罗·汉弗莱斯（Paul William Humphreys）从对大数据的历史回顾出发，区分了两种大数据："小写的大数据"（big data）和"大写的大数据"（Big Data）。在此基础上，他提出了三个概念——数据域（Datasphere）、深调制（Thick Mediation）和不透明表征（Opaque Representation），以此作为一个理论框架来分析和理解大数据，并讨论了这种认识论的后果，尤其是对其产生的知识做了系统的论述。[④] 这一认识论也成为其所倡导的非人类中心认识论的重要形式。此外，他以望远镜和显微镜的功用来说明大数据在认识论方面的价值，因为大数据可以提供一个大的、整体的视野，如同望远镜一样；同时它也能关注细节，就如同显微镜。[⑤] 汉弗莱斯的研究方法以及大数据的认识论对我们的研究极具指导意义。我们所开展的研究，在某种意义上是在

---

① Frické M.，"Big Data and its Epistemology"，*Journal of the Association for Information Science and Technology*，2015，Vol. 66（4），pp. 651－661.

② Leonelli S.，"What Difference Does Quantity Make? On the Epistemology of Big Data in Biology"，*Big Data Society*，2014，Vol. 1（1），pp. 1－16.

③ Callebaut W.，"Scientific Perspectivism：A Philosopher of Science's Response to the Challenge of Big Data Biology"，*Studies in History and Philosophy of Science Part C Studies in History and Philosophy of Biological and Biomedical Sciences*，2012，Vol. 43（1），pp. 69－80.

④ 刘益宇、薛永红、李亚娟：《突现、计算科学及大数据》，《哲学分析》2018 年第 2 期。

⑤ ［美］拉斐尔·阿尔瓦拉多、保罗·汉弗莱斯：《大数据：深调制与不透明表征》，薛永红译，《哲学分析》2018 年第 3 期。

批判性地接受他的方法和观点的基础上展开的。

结合对国内外研究情况的定量与定性的分析我们发现，对大数据的哲学研究在整体上存在两个脉络清晰的趋势，第一种趋势是对大数据本体论、认识论、伦理等具体哲学问题的研究；第二种是较为大胆和野心勃勃的研究趋势，其终极目的是用一套系统化的哲学理论来“框定”大数据。在第一种趋势中，国内外研究者所关注的重点内容都比较一致，并且都趋于聚焦和深入，不同的是，国外研究中结合科学研究实例和具体问题分析的研究成果较多，如沃尔夫冈对大数据的理论负载、大数据如何追求因果等具体问题的研究，利奥内利对相关与因果的研究等。在第二种趋势中，国外研究者也要走得更快、更大胆一些，如汉弗莱斯是通过建立相关的概念，为大数据建立了不透明表征的认识论。

具体来说，在第一种研究趋势中，相较于本体论、认识论和方法论，对大数据伦理方面的研究成果居多，国内外基本相同。其原因可能在于，一方面大数据引发的伦理问题较为突出，与人类自身的关系又比较紧密；另外，从隐私防范、伦理治理等实践维度出发讨论大数据伦理，就论题本身来说，较为容易。但是我们认为，对本体论问题的突破，必将带来认识论上的革新，而基于本体论与认识论的伦理学研究，将是更牢靠而富有洞见的。这一类研究的基本趋势大致可以归结为以下几个方面：

第一，理清了数、数据与大数据的区别与联系，并且大数据指向的所谓“万物数据化”，使毕达哥拉斯学派的“万物皆数”的本体论思想在国内外的哲学研究中得以复兴。存在的争论主要是：（1）万物数据化的反向路径是否可以实现，比如我们虽然可以用大数据来表征一个人在现实世界的情况，但是用这些关于人的大数据能否客观反映人的本质？信息哲学家弗罗里迪就旗帜鲜明地反对数字本体论，他认为自然的最终本质是否是数字的和计算的，这是迄今为止尚未解决的经验数学问题。正如段伟文研究员所顾虑的，这种表征主义的本体论在实践中可能会导致本体的自我隐匿。（2）数据的客观性问题。大数据虽然在万物的数据化方面有了巨大进展，但是，可靠性问题仍旧是大数据的核心问题。科学家在图像标注（图像数据化方法）的研究中就发现，图像标注系统可以很容易地生成对抗样本，也就是说，对图像进行数据化的标注系统可以将同一图像识别成两个完全不同的物体，这一问题的出现使得人们对数据识别系统的鲁棒性提出了质疑。（3）全样本承诺能否实现。有研究者认为大数据所谓的“N = all”的全样本承诺只是一种理想，而不会是现实。国内外相关研究表明，全样本指的就是对事物多维、完备的刻画，在操作层面具有语境性和局域性。但这一解释只是对概念的转换或对问题的转移，并没有解决实质问题，它只是将多“大”才算大，转向为“几维”才算多维、“多完备”才算完备，在实践上仍旧缺乏具体的“桥接”关系。

第二，关于大数据认识模式的研究中，学界普遍采用了吉姆·格雷基于“数据密集型”科学所提出的“第四范式”的观点。实际上，在大数据研究的案例中并未显示出某种统一的、具有相对稳定结构的模式（范式）。以“第四范式”的最为典型的特征——数据驱动非问题驱动来说，很多经典大数据案例并非没有具体问题，比如美国大选预测、希格斯玻色子的发现等。即使对于一些没有明确问题的大数据案例，算法在其中起着至关重要的作用。科学研究的突破在于新的方法、思考视角的使用，反对方法和模式的固化，哲学研究更应该充分尊重科学知识本身，而不是用固有的模式、甚至框架去框定他们。这一点，美国科学哲学家费耶阿本德在《反对方法》中已经做过深入的论述。

第三，理清了相关性与因果性的区别与联系，并且基本都明确了大数据并不仅仅在追求相关性。大数据由于数据的多维与完备性，使得人们通过相应的技术可以找到数据之间的相关关系，其中的很多关系是人们通过传统的方法无法发现的，这正是大数据之所以在经济、社会等领域大显身手的原因。正因如此，安德森等人便宣称可以用“相关代替因果”。我们知道，相关关系的两个主要特点是关联性和不确定性，关联性体现相关性研究的价值，而不确定性要求人们要慎重对待这些相关关系，这不只是因为存在伪相关或虚假相关，主要还在于它是一种统计意义上的关系，并非完全决定性的。在数据实践中我们发现，随着数据量的不断增加，符合相关关系的结果也会越来越多，而很多关系都属于“白噪声”。在数据处理中，研究者很快便会陷入到各种迷雾——“白噪声”之中。因此，如何有效探求真实相关，即从相关关系的“海洋”中捞出那根“针”是需要认真解决的问题。此外，相关关系不等于因果关系，但是通过相关关系可以帮助我们寻找因果关系，如果仅限于追求相关性，必然会造成“有数据的无知”。国外众多基于大数据的科学研究（如生物学）已经揭示了如何有效地通过相关关系寻求因果关系。哲学研究需要做的是尝试对这种方法进行普遍化、一般化，这也是弗罗里迪所强调的要从大数据背后寻找“小模式”的意义所在。

第四，对具体方法的哲学研究整体上显得比较薄弱。比如统计理论中已经有成熟的关于相关性分析的方法，如最小二乘法、回归方程、曲线拟合等，但是大数据的主要价值在于其有可能表征和解释复杂系统，由于非线性是造成系统复杂性的主要原因，因此借用经典统计理论对复杂数据进行相关性分析时就存在适用性的问题，在数据实践中出现过度拟合等问题便是一种反映。因此，对方法的哲学研究，一方面我们要讨论经典统计理论在大数据中的适用性问题，另一方面需要仔细研究算法中使用的递归、递推、迭代等方法，以及算法黑箱、不透明表征等具体问题。除以上问题外，我们可能还要期待数据科学发展出基于全样本的统计理论以及基于大数据的全新的数据处理方法。国际上众多人工智能领域的专家就指出，解决目前深度学习领域遇到的瓶颈，需要等待新的数据处理方法的出现。

第二种趋势包含两种进路，其一是用某种“旧”的哲学流派或认识论“框定”大数据，典型的如大数据经验主义。这一理论认为，大数据是经验主义在新技术下的复兴。研究者认为，即使大数据在各领域取得了传统经验主义方法无法完成的成果，但仍旧是在经验主义框架下，基于万物数据化所带来的突破。因此，诸如经济、社会等领域所取得的众多成果，也仅仅是经验主义下所“摘取”的万物数据化带来的“低枝果实”，并且强调，经验主义所导致的实用理性的泛滥会延宕理性主义的回归日期。学界对这种观点的反驳有两个方面：一方面，目前大数据中所使用的算法、模型，并非是经验主义所倡导的归纳和演绎逻辑，如递归、递推、人工神经网络、细胞自动机等；另一方面，大数据对复杂问题的处理模式，如谷歌公司研发的 AlphaGo 围棋智能系统，并非是经验主义所能够解释的。我们认为，大数据时代的“经验”已经与传统经验主义所讲的“经验”存在根本性的不同，一个最为明显的趋势是关于“经验”的生成、判断和使用的主体已经开始向机器转移。因此，在没有将这一变化趋势作深刻讨论就断定大数据是经验主义的重生缺乏逻辑基础。其二是试图建立新的关于大数据的独特的认识论。从目前能查到的资料来看，最具有系统性、创新性的研究是由汉弗莱斯等人所建构的基于大数据的不透明表征的认识论，这也是本书将用一章的篇幅来讨论他的思想的原因之一。汉弗莱斯以计算机哲学思想为基础，在明确区分了两类大数据后，以数据域、深调制等概念为基础和框架解释了大数据，并建立了新的关于大数据的认识论，试图解决人类由于大数据以及与其相关的人工智能问题所带来的认识论疑虑。这种研究方法和框架成功地发现了大数据的众多问题，诸如不透明表征、对知识的分类、机器在认识论中的地位等。但其存在的关键问题在于，大数据仍旧是一种处在迅速发展阶段的事物，并未形成特定的“纲领”，因此以既有的大数据的案例试图建立大数据的普遍的认识论，可能存在理论危险，因为在这一阶段，“反常”现象随时可能出现。

当然，任何一门科学，也不是万能的，都有它的局限性与边界，即使成功如物理学，亦存在边界与局限性。因此，在大数据“暴力”性地向各方面拓展、渗透，甚至被神化的当下，首先需要哲学研究来理清大数据的边界与局限性。而对这一问题的研究离不开从哲学上对大数据如何认识世界这一问题的阐明；其次是非人类中心的认识论的问题。大数据背景下，机器（计算机）在认识过程中的地位进一步得到提升，它从单纯的对人类感官系统的延伸转向为对心智系统的延伸与拓展，其作用从科学认知中的辅助地位逐渐向认识的中心转移，而且越来越显示出一种特殊的认识主体的趋势，如 AlphaGo Zero、自动标注系统、智能诊疗系统等。因此，人类如何面对这一趋势，哲学上如何建构关于非人类中心的认识论，这牵扯到人类如何理性地面对和处理与机器的关系问题，而这一关系是今后人类在社会生活中必须要面对和处理的。

爱因斯坦曾对哲学与科学的关系有过精辟的论述，他写道：“哲学的推广必须以科学成果为基础。可是哲学一经建立并广泛地被人们接受以后，它们又常常促使科学思想的进一步发展，指示科学如何从许多可能的道路中选择一条道路。等到这种已经接受了的观点被推翻以后，又会有一种意想不到和完全新的发展，它又成为一个新的哲学观点的源泉。”①所以，现阶段关于大数据哲学的各种研究都应当紧密围绕大数据技术前沿，并且要以开放、批判的态度进行哲学研究。两者的密切结合，恰恰是我们的研究追求的意趣之一。

① A. 爱因斯坦、L. 英费尔德：《物理学的进化》，周肇威译，上海科学技术出版社 1979 年版，第 39 页。

第一章　对相关概念的区分与界定

近代实验方法的兴起，不仅通过延伸人类感官系统的仪器拓展了可经验的事物及其性质的范围，而且通过条件的可控性与可重复性保证了经验的客观性或曰可靠性。经验内容可靠性的提高，也得益于人类认识、控制事物变化的精确性的提高。[①] 在这方面，人类认识的发展大致经历了三个阶段：[②]

第一个阶段是经验现象的数学化。首先表现为定量化研究的普遍开展，同时还包含了科学的符号化和数理逻辑化。这是因为人们通过观察得到的经验现象需要记录和表征，符号化不仅简化了对经验现象的描述，而且使得现象与现象之间的联系可以用数理运算的方式得以揭示，即逻辑化使从现象到规律获得了便捷与可靠的通道。因此，数学化成为人类认识客观世界、形成关于客观世界知识的重要方式。牛顿正是将数学方法应用到解决自然哲学的问题，使物理学从自然哲学中诞生，才让所谓的近代科学获得了革命性的突破——近代自然哲学的数学化后来成为一种运动，逐渐在各个领域全面开花结果，并成为衡量一门科学是否成熟和完善的标志之一。[③]

第二个阶段是从数字化转向数据化。数学化发展中最重要的事件之一是数字信息技术的出现，它使得人们可以将模拟信息用“0”和“1”这样的二进制码来表示，并且可以实现对信息的储存、传输和处理。而

---

① 董春雨：《理性的旋律》，湖南师范大学出版社2000年版，第145页。

② 董春雨、薛永红：《从经验归纳到数据归纳：特征、机制与意义》，《自然辩证法研究》2016年第11期。

③ 刘大椿：《科学技术哲学导论》，中国人民大学出版社2005年版，第306页。

随着二进制语汇的扩展，能被数字化的事物与信息越来越多、越来越丰富，同时，实现了“消除了地理的限制，就好像‘超文本’挣脱了印刷篇幅的限制一样。数字化生活越来越不需要仰赖特定的时间和地点”①，而数字化最大的好处是，在“数字化世界里，过去不可能的解决方案都将变成可能”②。

与数字化不同，数据化则是对数字化的进一步提升，它是对信息的深度加工和处理，使数字化信息通过计算机技术变成可进行数理分析、处理的形式或格式：比如将纸质图书进行扫描和存储之后，就实现了对图书的数字化，但是这些数字文本并不是数据化信息：我们不能在这样的数字文本上进行查找和编辑——你很难在这样的数字化图书海洋中找到自己想要的内容。但是，当人们通过光学识别技术对这些数字文本的字、词、句和段落识别之后，关于书页的数字化图像就转化成了数据化文本。数据化之后，我们可以对其进行各种各样的分析。可以说，是“数字化带来了数据化，但数字化无法取代数据化”③。

第三个阶段是从小数据到大数据。小数据主要是指通过随机采样的方式获得的数据，其方法论逻辑是通过最少的数据获得最多的信息，用少量的代表性样本来说明系统整体性的行为。小数据方法随着经典统计学的成熟在近代获得了巨大成功，成为在不用收集和分析对象全部数据的情况下研究事物行为的一条可靠途径，“它使科学，社会科学和人文科学实现了跨越式发展”④。但是小数据方法存在天然的缺陷，比如小数据分析的准确性紧紧依赖于对样本的选取，对样本数据的筛查、采样过程需要严密安排和执行，以及它不适合对子类或细节的考察等。伴随着科技、社会的一体化的发展，人类可以非常便捷地实现对海量数据的

① ［美］尼葛洛·庞帝：《数字化生存》，胡泳、范海燕译，海南出版社 1996 年版，第 194 页。

② ［美］尼葛洛·庞帝：《数字化生存》，胡泳、范海燕译，海南出版社 1996 年版，第 270 页。

③ ［英］维克托·迈尔－舍恩伯格、肯尼思·库克耶：《大数据时代》，盛杨燕、周涛译，浙江人民出版社 2013 年版，第 109 页。

④ Kitchin R, Lauriault T., “Small Data in the Era of Big Data”, *Geo Journal*, 2015, Vol. 80 (4), pp. 463 –475.

获取、存储、传输以及分析，基于大量（Volume）、多样（Variety）和快速（Velocity）的“3V”特征的大数据研究范式已经形成，并成为区别于以往研究范式的第四范式。这种范式与小数据时代的研究范式的本质在舍恩伯格（Viktor Mayer－Schönberger）等人看来，就是三个转变：不是随机样本，而是全体数据；不是精确性，而是混杂性；不是因果关系，而是相关关系。[①] 大数据在科学、经济、社会各领域的广泛使用和成功，使其日益上升成为一种社会技术（Socio－Technical）现象，不但为我们提供了收集、分析前所未有的广度、深度和规模的数据的能力，而且带来了认识论和伦理层次的深刻变化。[②]

这三个阶段，标志着人们对世界的表征方式的变化，其揭示的正是人们对于“量化万物”并且以“计算”来理解世界的一种坚定的理想。而随着由技术的发展带动的机器的崛起，包括计算机技术、传感技术、数字化技术、通信技术、互联网技术以及新算法的发明和不断进化，如聚类算法、遗传算法、分类算法、朴素贝叶斯、决策树、人工神经网络等，深度拓展了“可量化”与“可计算性”的领域，从而进一步加强了“量化万物”与“计算”的思想观念与实践追求。在这一历史进程中，相关概念的内涵与外延也发生着微妙、有些甚至是本质的变化。

一　数据

（一）数据的内涵

“数据（Data）”一词最早出现在拉丁语中（dare），指的是（to given），这一拉丁词汇随着数学和神学进入英语当中。关于数据作为单数（datum）还是复数（data）来使用的讨论一直贯穿于十八世纪。一般认为，数据可以“（1）作为论据基础的一套公认原则，或（2）作为

---

① ［英］维克托·迈尔－舍恩伯格、肯尼思·库克耶：《大数据时代》，盛杨燕、周涛译，浙江人民出版社2013年版，第29页。

② Boyd D.，Crawford K.，“Critical Questions for Big Data”，*Information Communication & Society*，2012，Vol. 15（5），pp. 662－679.

事实，特别是取自圣经的事实。”[①]丹尼尔·罗森博格（Daniel Rosenbergs）通过对《十八世纪经典古籍全文资料（ECCO）》的分析发现，直到十八世纪后期，“数据”才成为在科学实验和观察以及调查研究中用以表征事实的证据。但是，此时的数据仍然是一个没有本质的修辞术语，数据既不是事实（truth）也不是现实（reality），它们是事实、证据的来源或论证的原则，用来断言事实或真理，[②]如伯根和沃德伍德（J. Bogen & J. Woodward）把数据看成是对事物的现象的表征方式，而且通过数据可以获知事物的现象。[③]因此，从其内涵上我们可以确定，数据就是用以表征现象、提供论据的特殊的客观存在，对数据的分析可以获得对事物的认识。

（二）数据的外延

数据的范畴非常大，而文明的发展又不断地扩展着数据的范围。最古老的符号记事如用石块、骨骼、黏土上刻写各种符号开始，数据就已经产生；而随着采集、狩猎等活动的开展，人类又逐渐产生了数觉，即对物体在数量上的差异的直观感受，并逐渐产生了数的概念和计数的方法；书写文明（文字和载体）的发展使得数据的积累越来越迅速；而随着各种计数方法以及数制在各文明中的相继产生，使得数据中的数值型数据越来越多；对数和量的区分及其广泛应用，是人类文明的巨大进步，它为人类开展定量化研究从而产生更多的数据提供了基础。近代科学革命的发生，与这种定量化研究有直接的关系。刘红在博士论文中写到：近代自然科学革命，可以被认为是第一场数据革命，它始于数据与自然哲学的融合，并促使科学数据成为自然哲学的基本元素，促进了科

① Borgman C. L. , *Big Data*, *Little Data*, *No Data*: *Scholarship in the Networked World*, The MIT Press, 2015, pp. 15 – 18.

② Borgman C. L. , *Big Data*, *Little Data*, *No Data*: *Scholarship in the Networked World*, The MIT Press, 2015, pp. 15 – 18.

③ Bogen J. , Woodward J. , “Saving the phenomena”, *The Philosophical Review*, 1988, Vol. 97 (3), pp. 303 – 352.

学的制度化走向。[①] 而近代以来，随着计算机技术的产生，使得人们可以将各种形式、不同载体的数据用“0”和“1”的二进制码来表征，如可以将纸质图书转化为电子图书，将模拟信号转化为数字信号等。因此，各类数据最终可以汇聚、归一为数字化数据或者说是“比特”。

从对数据的历史演进的简单概述中，我们就可以得出结论：目前我们所说的数据，它的外延应该包括：符号、文字、数值、数量和比特序列，并且技术上可以将任何形式的数据都转换为比特序列。

（三）数据的定义

以上我们从词源学以及分类的意义上解释了数据的内涵与外延。尽管如此，对于数据是什么，目前还没有明确的、统一的界定，我们可以从对数据这一概念的关于内涵和外延以及计算机领域普遍使用的三种定义上来做进一步的分析。

基于内涵的定义：数据既不是纯理论的也不是具有本质内涵的自然实体，它是作为现象的证据被用于学术研究、交流等目的，因此数据是对观察、对象或其他实体的表征。[②]

基于外延的定义：按照适合交流、解释和加工的形式化方式进行的可重新解释的表示事实或信息的方式。比如比特序列、数据表、文字、录音、标本等。[③]

在计算机领域，往往采用狭义的数据定义，比如将数据定义为：“原始的、孤立的事实，从中我们可以得到需要的信息。数据是独特的信息片段，通常需要按特定的方法将其转换为某种格式。他们用二进制表示，存储在计算机中的逻辑实体”[④]，或者“数据是所有能被输入到计算机并被计算机处理的符号系统的总称”，从这种定义来看，数据有

① 刘红：《科学数据的哲学研究》，博士学位论文，中国科学院大学2013年，第115—123页。

② Borgman C. L. , *Big Data*, *Little Data*, *No Data*: *Scholarship in the Networked World*. The MIT Press, 2015, pp. 28 – 29.

③ Consultative Committee For Space Data Systems, 2012, 1 – 10.

④ ［印］Singh S . K. :《数据库系统：概念、设计及应用》，机械工业出版社2010年版，转引自叶帅《数据的哲学研究》，硕士学位论文，东华大学2016年，第3页。

三方面的特征，其一，数据表征事实；其二，数据承载信息；第三，数据用二进制表示。

可以看出，在计算机领域，数据的定义是明确而具体的，并且在数据库科学中，数据被确切地分类。一种常用的分类是：数值型数据和非数值型数据。非数值型数据包括：文本数据、图形和图像数据、音频数据、视频和动画的数据等。此外，结构化、半结构化和非结构化是对数据的另外一种比较常用的分类方法，其中结构化数据最为常见——顾名思义，它是具有结构（模式）的数据，其结构性就在于它是用二维表结构进行逻辑表达的，所以也称行数据。结构化数据严格地遵循数据格式与长度规范，所以，可以直接输入计算机并进行处理，如电子报表、各种数据库等；半结构化数据虽然具有一定的结构，但是不能被统一地实现模式化，与结构化数据不能相比。但正是因为没有固定的结构，因此对事物的描述就有很大的灵活性，如文档、网页等；而对于结构不规则、不完整，不能用数据库二维逻辑表来表示的数据称为非结构化数据，如图像、音频、视频等等。按照目前互联网、物联网数据的发展速度，半格式化和非格式化数据的增长速度非常迅速。因此，本书中将采取计算机领域的狭义的数据概念，即承认其在三方面的特征。

但是数据与世界是什么关系？从数据到大数据，数据的内涵与外延发生了哪些特殊的变化？以下我们将厘清这两个问题。

二 世界3与数据

20世纪60年代，英国著名的科学哲学家卡尔·波普尔（Karl Popper）指出，客观上存在着物质世界（世界1）和精神世界（世界2）之外的世界，即世界3。在波普尔看来，柏拉图的形式或理念就形成了一个独特的世界3。因此，世界3是概念类的世界，是可能的思想客体的世界，是客观的和自在的。① 三个世界不但都具有本体论的特征，而

① ［英］卡尔·波普尔：《客观知识：一个进化论的研究》，舒炜光、卓如飞等译，上海译文出版社1987年版，第161—162页。

且还处在相互联系之中。世界1与世界2之间可以直接相互作用，世界2与世界3也可以直接互动，但是世界1与世界3要实现相互作用必须以世界2为中介。

世界3是波普尔三个世界理论的核心。波普尔认为，世界3是人工产物，具有客观性、实在性和自主性。世界3并非虚构，是客观存在的，它处在彼此的逻辑关系之中，是抽象的客体。可以通过批判而得到改进，它可以引起人们去想、去做。对于世界3的实在性，他认为只要考虑其与世界1和世界2的作用就可被证明，比如科学理论（世界3）实际上大大地改变了客观世界（世界1）；他还用一个思想实验来论证世界3的实在性，即假设人类灭亡了，只要写有知识的书籍存在，文明的后继者会译解这些知识，那么这些知识的价值就会重现。① 关于世界3的自主性，波普尔用自然数的例子做了辩护。他说，自然数是人类思维活动的产物，但是有无数的自然数是人类没有读出来的，甚至计算机也是无法处理的。更为有趣的是，如素数理论，在发现自然数的时候就已经存在了。这绝不是人类创造的，他们是在被发现之前就未被发现地存在着的。② 因此，自主性尽管是人类的产物，但它如同其他动物的产物一样，反过来又创造它自己的自主的领域。因此，自主性是世界3的核心，具有独立性和不可还原性，存在自身的固有特性和规律，是其他领域所没有的，有其自身的生命和历史。

波普尔的三个世界的理论是哲学本体论在20世纪所取得的重要进展。它的价值在于用世界3，打破了长期以来的关于世界的主客观的二元结构的理解，其新颖之处在于将世界2与世界3进行的更细致的区别，并且对世界3的客观性和自主性进行了论述，从而确立起世界3的本体论地位。但是由于世界3缺乏明确的主体地位，因此长期以来饱受质疑。质疑者认为，波普尔的世界3不仅没法离开作为载体的世界1而独立存在，更重要的是其产生和演化都离不开人的思想活

① ［英］卡尔·波普尔：《客观知识：一个进化论的研究》，舒炜光、卓如飞等译，上海译文出版社1987年版，第122—125页。

② ［英］卡尔·波普尔：《客观知识：一个进化论的研究》，舒炜光、卓如飞等译，上海译文出版社1987年版，第171—172页。

动，这样也就不可能真正自主地存在和演化。因此，它与世界 1 和世界 2 并不对等或平行①，即世界 3 没有与世界 1 和世界 2 对等的本体论地位。

（一）数据世界作为世界 3

波普尔在讨论世界 3 的客观性的时候，曾经提到“一台电子计算机可以出版和印刷一套对数手册……无数的自然数是人类从未读出的，或者是计算机无法应用的”②，但他所处的年代，计算机还主要限于计算和文字处理，因此，波普尔也不会预见如今互联网技术和虚拟技术的发展。20 世纪加拿大著名的传播理论、媒介理论的研究者马歇尔·麦克卢汉（Marshall McLuhan）指出：“一切技术都具有点金术的性质”③，当一种对社会延伸的技术被发明、应用时，它所处的社会环境也将随之改变，以适应这种改变，因为技术会渗透进每一个角落，包括环境、制度以及思维方式。尼古拉斯·尼葛洛庞帝（Nicholas Negroponte）便将这种数字化的时代概括为“数字化生存”的方式，因为这是以计算机技术和网络技术为基础所催生的一种新型的文明。因此，在这种背景下，需要为波普尔的世界 3 赋予新的内涵。

我们将世界 3 的外延扩展为数据世界（简称数据界），它包含波普尔世界 3 的内容，即已经形成的知识、思想内容，也包括对世界 1 和世界 2 的数据化表达。此外，主要还包括基于网络技术、虚拟技术所形成的网络空间和虚拟现实等虚拟世界。复旦大学朱杨勇教授在《数据学》中就提出了“数据自然界”的概念，他认为虽然很难界定什么时候形成了数据自然界，但是从宏观上来看，计算机系统中出现大量自然界中不存在的东西是数据界存在的一个重要标志。在数据界形成的初始阶段，数据只是表示现实世界中存在的东西；在形成阶段，数据还表征了

---

① 郦全民：《从世界 3 到虚拟世界的涌现》，《自然辩证法通讯》2003 年第 5 期。

② ［英］卡尔·波普尔：《客观知识：一个进化论的研究》，舒炜光、卓如飞等译，上海译文出版社 1987 年版，第 37 页。

③ ［加］马歇尔·麦克卢汉：《理解媒介——论人的延伸》，何道宽译，商务印书馆 2000 年版，第 34 页。

现实中不存在的东西；到了发展阶段，数据表示现实世界中的所有东西，也表示了自然界中不存在的大量东西。[①] 从这个分类中可以看出，数据不仅仅是客观世界的表征，而且还是一种具有客观性、相对独立性和自主性的世界。

世界3的自主性和演化特征在以数据为基础的世界3里，主要是随着网络、虚拟现实等出现之后逐渐形成的。大数据技术的出现才使数据界确立了“数据3”的本体论地位。因为这种虚拟世界才是“一个更具自主性且与物理世界在本体论上具有某种对等性的新世界”[②]，因此，数据化并不仅仅是复制和再现，而是具有超越现实的作用。由此可见，伴随着网络技术和虚拟技术的快速发展，波普尔世界3的内涵不仅被进一步丰富和发展了，而且世界3也逐步获得了与世界1、世界2对等的本体论地位：

把数据世界当成是与物理世界的世界1和精神、意识世界的世界2的并行世界，可以从构成论和表征论的两个方面来理解——

1. 从构成论的角度来说，数据作为人工物，虽然有不同形式，即有文字的、图像的、模拟信号的、数字化的等不同的符号系统，但它一产生就有相对的独立性和价值。一方面，如波普尔所说，世界3作为世界2的产物，如知识、思想等是抽象的客体。数据世界中，对已有知识的数据化，并未改变这一属性，数据化技术只是改变了世界3存在的形式；另一方面，世界3一经产生，就具备了客观性和自主性，就有属于自身的固有特性、“生命”和价值。这种自主性在网络技术的发展所形成的网络空间以及基于计算机仿真而形成的虚拟现实中尤为突出，因为网络空间和虚拟现实的客观存在是明显的，具有相对的独立性，且呈自主演化的特征。从这个意义上说，数据技术的发展，进一步深化了波普尔的世界3的本体地位。

2. 从表征论的角度来说，数据世界是以符号为基础，对世界1和世界2的数据化表征。而大数据及相关技术的发展，大大拓展了可数据

---

① 朱扬勇、熊赟：《数据学》，复旦大学出版社2009年版，第20—21页。

② 郦全民：《从世界3到虚拟世界的涌现》，《自然辩证法通讯》2003年第5期。

化的事物的边界和限度，在“万物的数据化”的指引下，对世界 1 与世界 2 的数据化的方法越来越多。如对人的意识、情绪情感可以通过对脑电波的测度而以数据的形式来表征等。

此外，波普尔认为，世界 1 和世界 3 的作用需要世界 2 作为中介，但是现在的虚拟现实、人机交互技术，可以在世界 2 缺位的情况下实现世界 1 与世界 3 的交互。如通过物联网技术可以实现对世界 1 的事物的控制；自动化数据挖掘技术可以从传感器（世界 1）捕获的数据中直接归纳出规律（世界 3）；普通的智能机器人（世界 1），通过内嵌于其中的指令系统（世界 3），对实时捕捉到的周围环境的变化做出反应；而可穿戴技术可以将人的精神状态（世界 2）生成数据（世界 3）。因此，机器（智能）的崛起使世界 2（人类为主体）的本体论地位有所下降。

综上所述，当我们用数据概念来扩充波普尔的世界 3 时，三个世界之间的相互作用关系则由下图 1—1 转换为下图 1—2。

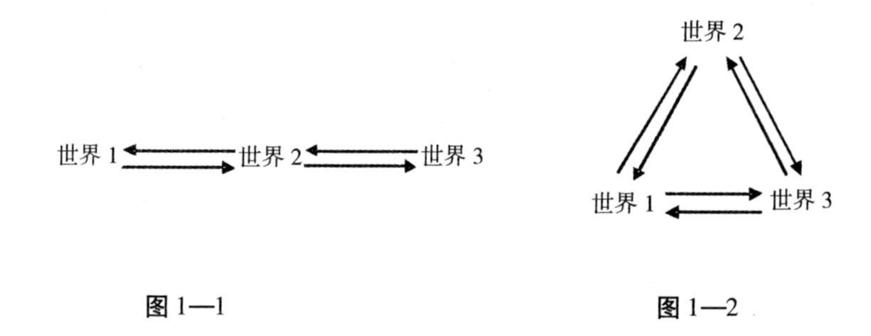

图 1—1 **图 1—2**

耶鲁大学计算机教授戴维·杰莱特（David Gelernter）在《世界的镜子》（*The Mirror of the Worlds*）中就指出，互联网的终极世界是“镜像世界”——物理世界的虚拟映射，是整个世界的延伸（或者说映射）①。我们每个人在这个镜像世界里都拥有一个与自己相对应的‘生命流’（Life Stream）——我们可以展开想象，假如把一个人一生当中的所有信息如图像、声音、视频、足迹等信息汇聚在一起的话，就形成

① Gelernter D. , *Mirror Worlds: or the Day Software Puts the Universe in a Shoebox—How It Will Happen and What It Will Mean*, Oxford University Press, 1993, p. 5.

了一个人的“生命流”。而当把全部各自独立的“生命流”汇集到一起后，一个用来描述世界整体的巨大的“世界流”（World Stream）就形成了。整个世界的历史，包括过去和未来，都可以由“世界流”来诉说。镜像世界是基于空间对人类和宇宙进行完备的描述，而“世界流”是基于时间对人和宇宙进行的完备描述，二者在数学上和逻辑上是对偶和双重的。以杰莱特观点看，“大数据”与“生命流”的内涵具有一致性，因为大数据技术的发展，使得“生命流”和“镜像化”世界达到了一个新的阶段：数字化技术可以让每一个人、每一个组织，每一个城市、每一个国家——万物数据化——都可以便捷地甚至自动地建立起关于自己的镜像世界，而且随着时间的推移，内容和细节都不断地被补充和增加。而当这些独立的、个体的镜像世界越来越多并汇聚在一起时，一个全球性的镜像世界就形成了。[①]

因此，世界 3 既是对世界 1 和世界 2 的历时性、遍历性的数据化表征，也是数据技术所带来的人类生存的延伸的世界。三个世界具有同等的本体论地位，都是客观的、实在的和自主的，并且各自具有独特的特性、规律以及自我演化的逻辑。

（二）从数据到知识

大数据的发展，使得数据成为比信息更为基础的存在，即世界 3。而大数据作为“矿”的隐喻，使得通过对数据的分析和处理（计算）获得“金”的知识成为认识论的关键。

信息科学和知识管理两个领域在应对以飞速增长的数据、信息和知识的实践中，于 20 世纪 80 年代就形成了对数据、信息、知识、智慧及其相互关系的深刻认识，并且提出了目前被广泛使用的 DIKW 模型（如下图 1—3 所示）。[②③] DIKW 模型揭示了数据、信息与知识之间的既

① 陈赛：《专访耶鲁大学计算机科学教授戴维·杰勒恩特》，《三联生活周刊》2009 年第 1 期。

② Ackoff R. L., “From Data to Wisdom”, *Journal of Applied Systems Analysis*, 1989, Vol. 16 (1), pp. 3 – 9.

③ Zeleny M., “Management Support Systems: Towards Integrated Knowledge Management”, *Human Systems Management*, 1987, Vol. 7 (1), pp. 59 – 70.

联系又有区别的关系。其中数据是原始材料；信息是对数据的编码和逻辑运算；知识就是从这种原始材料中发掘出的有用的信息；对数据的分析和处理便能获得相应的知识。知识虽然来源于信息，但它不是信息的子集，而是关联了“具体情境”的有意义的信息。

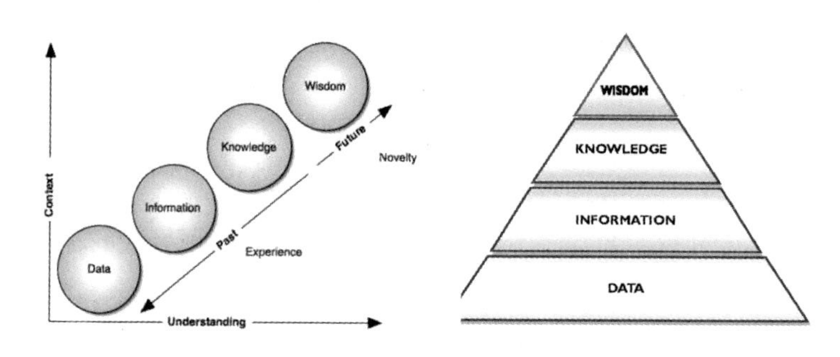

图 1—3 数据、信息、知识、智慧

对世界 3 的认识和知识的发掘，有三种进路。第一种是通过对世界 3 中已有知识的数据化和数据化分析，获得关于人类知识形成和演进中的相关规律，这也是大数据方法在知识研究领域的重要方面。如大数据哲学研究中，通过对某位哲学家的著作进行数据化分析和解读，从而获得其中所蕴含的人类并没有发现的新的思想。[①] 第二种是对世界 1 和世界 2 进行数据化表达，并用数据的方法进行分析，从而获得相关的知识。计算物理学、计算生物学、计算社会学、心理测量、精神分析等，都属于这一进路。第三种是对网络空间、虚拟现实等的认识。比如对网络世界的人的行为的研究，网络空间的进化研究等。曼纽尔·卡斯特尔（Manuel Castell）、麦克卢汉等人是研究这一领域的代表。大数据所追求的“万物数据化”，使以前很难数据化的领域在一定程度上实现了数据化，这与大数据的本体论承诺有关。这也意味着，通过数据方法获得知识的方式，将成为人类认识世界的主要方式。

---

① ［美］拉斐尔·阿尔瓦拉多、保罗·汉弗莱斯：《大数据：深调制与不透明表征》，薛永红译，《哲学分析》2018 年第 3 期。

三　大数据与小数据

（一）“大数据”溯源

从对现有资料的分析来看，“大数据（Big Data）”一词最早出现于20世纪90年代，时任美国硅图公司（SGI）首席科学家的John Mashey最早使用了这个词汇。[①] 2008年，《自然》（*Nature*）首先推出“Big Data”的专刊，讨论大数据这一技术所蕴含的挑战。2011年《科学》（Science）杂志也推出了讨论大数据所带来的挑战的专栏。“大数据”从此成为学术研究中最为热门的研究点之一。而在社会引起公众对大数据讨论的也是2012年，因为这一年，舍恩伯格的畅销书《大数据时代》出版，此书被认为开系统研究大数据的先河之作，该书一经出版就被翻译成多国语言，并使大数据成为当时社会各领域最为热门的话题之一。

如前所述，大数据本身是一个正在发展的事物，学界至今也没有一个公认的界定，主要原因是：在大数据及其相关技术发展太快、太迅猛的条件下，按照库恩科学革命的理论，在新范式还没有完全形成和确立的时期，各种观点存在的可能性及其争议是无法避免的。大数据虽然可以作为一种可供选择的很“有前途”的新范式，但仍缺乏成熟“范式”所应具有的精确性、一致性、广泛性、简单性和有效性等特征。比如关于大数据图形标注的有效方法，最近又有研究显示：“该种方法很容易被欺骗，即由相应的方法可以生成对抗样本”[②]，这充分说明了大数据相关技术的现状。正如硅谷数据科学公司战略和营销副总裁Edd Dumbill所指出的一样，目前为止，学界对“大数据”还没形成一个统一的、精确的定义，可以接受的一种较为模糊定义是：超出传统数据库系统处

---

① Mashey J. R.，*Big Data and the Next Wave of InfraStress*，http：//static. usenix. org/events/usenix99/invited_ talks/mashey. pdf.

② Chen H.，Zhang H.，Chen P. Y.，et al. *Attacking Visual Language Grounding with Adversarial Examples：A Case Study on Neural Image Captioning*，In Proceedings of the 56th Annual Meeting of the Association for Computational Linguistics（Long Papers），Melbourne，2018.

理能力的数据。大数据的特征在于数据太大、流动太快，而且不符合数据库架构的限制，因此，要从这些数据中获得价值，必须选择另一种处理方法。①

目前，最具代表性的大数据定义有三种，这三种定义也反映了大数据所包含的三个层面的含义：样貌层面、技术层面、思维方式与观念层面。

1. 样貌层面，是指大数据本身所显示出来的整体的、直观的外貌特征。最具代表性的是国际数据公司 IDC（International Data Corporation）给出的定义。在 IDC 的定义中，大数据被设置了条件，首先是在数据形式上要含有两种以上的形式；其次是在数据量的大小上要达到 100TB；此外，这些数据还被要求是高速的、实时的、流动性的数据。意味着，一个小数据要成为大数据的话，每年应该增加 60% 以上的数据量。可以看出，这个定义基本上给出了大数据的量化标准——3V，即强调数据量大（Volume），种类多（Variety），速度快（Velocity）。

在提出“3V”的定义之后，IDC 又提出第四个特征，即价值性（Value）。与此同时，IBM 公司研究者认为，大数据除了“3V”特征外，还有真实性（Veracity）。自此便形成了“4V”“5V”的定义形式。当代著名的社会学家狄波拉·勒普顿（Deborah Lupton）指出，定义或者描述大数据，可以选择不同的研究角度和不同的方式。他在研究中分别用 13 个特征——13 个以 P 为首字母的形容词——来刻画大数据，此即所谓的 13P 特征，包括奇特的（Portentous），不正当的（Perverse），个人的（Personal），多产的（Productive），部分的（Partial），实践的（Practices），预测的（Predictive），政治的（Political），挑衅的（Provocative），隐私的（Privacy），多元的（Polyvalent），多形态的（Polymorphous）和好玩的（Playful）。② 罗宾·基钦（Rob Kitchin）在其关于大数据的重要著作 *The Data Revolution*：*Big Data*，*Open Data*，*Data Infra-*

---

① Dumbill E.，“Making Sense of Big Data”，*Big Data*，2013（1），pp. 1－2.

② Deborah L.，The Thirteen Ps of Big Data，https：//www.researchgate.net/profile/Deborah_Lupton/publication/276207564_The_Thirteen_Ps_of_Big_Data/links/5552c2d808ae6fd2d81d5f20/The－Thirteen－Ps－of－Big－Data.pdf.

structures and Their Consequences 一书中指出，所有像3V、4V或者是13P这类描述性的定义，由于原则上不可能给出大数据在“种差和属”的差别，因此这类定义不可能揭示大数据的内涵与外延。经过对学界承认的一些典型的大数据案例的分析，并与小数据的特征进行对比之后，2013年，基钦提出了刻画大数据的7个维度的特征，分别是：大量（Volume）、种类多（Variety）、速度快（Velocity）、穷尽性（Exhaustivity）、精细与可检索性（Resolution and Indexicality）、关联性（Relationality）、扩展与延展性（Extensionality and Scalability）。[①] 2016年，沃尔夫冈·彼得希（Wolfgang Pietsch）发表重要论文“*The Causal Nature of Modeling with Big Data*”，在论文中指出，成为大数据要有两个条件：1）数据要包含现象所有内容的数据（representing all relevant configurations of the examined phenomenon）；2）数据处理要自动化（automation of the entire scientific process）[②]。其中第一个条件与基钦提出的“详尽无遗”是相同的。可以看出，不同的研究者、不同的研究视角与背景，可以发掘出大数据不同的语义。

总之，对大数据样貌特征的描述，无论是“3V”还是“4V”，亦或是“13P”，都没有完全概括大数据的特征。因为理论上，我们无法穷尽其外部特征，不同的研究者以不同的视角对不同案例的研究，将得出各不相同的研究结果。但不可否认的是，在我们还没有对大数据达成清晰、一致认识的背景下，从外貌特征的角度来描述大数据，是我们当下认识大数据时可采取的方便而有效的方式。

2. 技术层面，指从与大数据相关联的技术方面来界定大数据。《科学》杂志在大数据专刊中给出的定义是：“大数据代表着人类技术和认知能力的进步，它指的是数据集的规模太大，以至于无法在可容忍的时间内用当前的技术、方法和理论去获取、管理、处理的数据。”这一定义实际上说明了大数据与小数据的不同，即其不能完全用当前的技术、

① Kitchin R.，“Big data，New Epistemologies and Paradigm Shifts”，*Big Data and Society*，2014，Vol. 1（1），pp. 1－12.

② Pietsch W.，“The Causal Nature of Modeling with Big Data”，*Philosophy & Technology*，2016，29（2）：pp. 137－171.

方法和理论来应付。信息哲学家弗洛里迪认为，用“数据太多、太复杂，以至于用当下的数据技术无法处理”来定义大数据，除了存在用“多”来定义“大”的循环定义以外，以当时的“技术手段”来定义大数据，还带来了两方面的误导。其一是，“大”是一个关系谓词。在关系项中，“大”是相对的。一件衣服对我来说太大，但是对于别人来说可能并不大；但这又在客观上要求人们倾向于以非关系的方式来评价事物，在这种情况下大“应该”是绝对的，因为只要参照物足够明显，可以不直接言明，如我们说这匹马很大。其二，即使用最宽松的定义：“用目前的计算技术不能有效地进行处理的数据”，也存在着两种混乱的问题，在认识论上的问题是：（1）太多了以至于我们无法处理；（2）技术上对认识论问题的解决方式是用更多更好的设备和技术去“筛检”，从而让“大”数据变“小”。因此，大数据本质上就代表着一种技术和能力，一方面，它与当前最先进的技术相关，但又超出了当前的技术能力，总是以一种“超前”于技术的姿态出现；另一方面，现实中总是用当前的技术来处理这些数据，这种处理我们也称之为大数据处理。也就是说在技术实践过程中，将“超前性”与“技术”的滞后性拉回到同一层次。正因如此，大数据方面的技术专家都基本上趋向于将大数据定义为“用最大化计算能力和算法的准确性，来收集、分析、链接和比较大规模的数据集。”[①]这种基于技术层面的定义，说明大数据不仅具有那些在样貌层面的特征，它还是一种技术和能力。

3. 观念（信念）层面。大数据代表了一种普遍的信念与信仰，因为大数据的成功，使得人们普遍认为，大数据集提供了一种更高形式的智慧和知识，由它可以产生以前不可能产生的洞见，并且自带真实性、客观性和准确性的光环。[②] 正是基于对大数据在信念、信仰和观念层面

① Boyd D., Crawford K., “Critical Questions for Big Data: Provocations for A Cultural, Technological, and Scholarly Phenomenon”, *Information, Communication & Society*, 2012, Vol. 15 (5), pp. 662-679.

② Boyd D., Crawford K., “Critical Questions for Big Data: Provocations for A Cultural, Technological, and Scholarly Phenomenon”, *Information, Communication & Society*, 2012, Vol. 15 (5), pp. 662-679.

的理解，舍恩伯格就开宗明义地指出，大数据使生活、工作与思维方式产生了重大变革。大数据可以像望远镜一样让我们感受宇宙的宏大浩瀚，也可以像显微镜一样让我们感受微生物的世界，因此，大数据将对我们的生活方式、思维方式都会带来根本性的改变。同时，大数据也代表了一种新的数据观念或者理解世界的观念，即由采样转变为全样本、精确性转变为杂多、因果性转向为相关性。[①] 黄欣荣教授也认为，仅仅从语义和特征方面并不能完全揭示出大数据的本质，大数据最核心的、最重要的是给我们带来了数据观念的变革。[②]

作为一种在样貌、技术和观念层面的"数字生态"系统，它的出现本身应该是相对于一种旧的数据"生态"系统而言的，因此，"小数据"作为"大数据"的对照物或者与大数据对应的旧范式，对于我们认识大数据的本质具有重要参考价值。

（二）大数据与小数据

在相对性的意义上来说，与大数据相对的正是"小数据"。所以我们在定义大数据时，完全可以以"小数据（Small Data）"为对照。从广义上来讲，能用传统的技术手段和方法处理的数据即为"小数据（Small Data）"，包括吉姆·格雷（Jim Gray）在"第四范式（the fourth paradigm）"理论中所讲的用经验的方法、理论的方法和计算机模拟的方法获得的数据。从狭义上讲，"小数据"就是我们常用的"抽样数据"，这种数据以经典统计理论为基本框架和基础。与大数据的特征相比，主要表现是数据量小、抽样性以及精确性，小数据代表的思维方式与认识逻辑是用少数来代替、说明整体。在统计学理论下，人们通过"小数据"实现对系统的整体性描述。如通过抽样调查获得对国民平均身高、经济情况等的描述。"在过去的几个世纪中，使用小数据研究……是一个非常成功的研究策略与方案，正因为统计学和小数据的出

---

① ［英］维克托·迈尔－舍恩伯格、肯尼思·库克耶：《大数据时代》，盛杨燕、周涛译，浙江人民出版社2013年版，第17—19页。

② 黄欣荣：《大数据的语义、特征与本质》，《长沙理工大学学报》（社会科学版）2015年第6期。

现，使得自然科学、人文社会科学都获得了飞速、跨越式的发展。”①显然，以抽样方法获得的数据必然能用传统的技术和方法进行处理。由此，我们可以将小数据定义为：通过以采样的方式获得的对系统进行整体性描述的数据集合，用传统的数据处理技术和手段就能分析和处理。基钦从7个维度对大数据和小数据的特征做了对比研究，其结果如表1—1所示。②

表1—1　　大数据与小数据的特征对比

特征	小数据	大数据
体量	有限	非常大
速度	慢	快
种类	少	多
穷尽性	样本数据	全样本
精细与检索性	由粗和弱到细和强	细和强
关联性	弱	强
扩展与延展性	中低	高

这七个属性是大数据所必须的吗？基钦关于大数据的七个属性的论点提出之后，也受到了一些研究者的质疑。2016年，基钦发表了在大数据的专业杂志《大数据与社会》（*Big Data & Society*）上发表新的研究论文。③ 文中指出，在用他所提出的7个维度的属性对26个经典的大数据的案例进行比照分析之后，发现这7个维度的属性并不为这26个大数据案例所共有。最典型的例子是：当人们用文本（文本数据）

① Kitchin R., Lauriault T. P., "Small Data in The Era of Big Data", *GeoJournal*, 2015, Vol. 80 (4), pp. 463 - 475.

② Kitchin R., Lauriault T. P., "Small Data in The Era of Big Data", *GeoJournal*, 2015, Vol. 80 (4), pp. 463 - 475.

③ Kitchin R., McArdle G., "What Makes Big Data? Exploring the Ontological Characteristics of 26 Datasets", *Big Data & Society*, 2016, Vol. 3 (1), pp. 1 - 10.

来描述一个对象时，所用的数据量要比用照片或者视频小得多。经过详细的分析和比对，他认为：“体量、种类、关联性等都不是大数据的本质属性，只有速度（Velocity）和穷尽性（Exhaustivity）才是大数据的本质属性。”① 从目前对大数据的讨论来看：（1）大数据必须要有大的体量，这是毋庸置疑的；（2）“分辨率和索引性”显然不是区分大数据与小数据的特征之一。因为对于小数据，我们也可以对数据要求很精细——精确的分辨率。大数据也可以用比较粗的分辨率，如对于人类进化问题的研究，可以以几年、几十年、甚至几百年为一个数据单元；（3）数据的关联性是万事万物普遍联系的观点在数据中的表现，大数据只是由于数据变大之后将这种关联性显现了出来，因此它也不是大数据本质特征；（4）由于小数据也可以实现可扩展性，即旧数据可以作为子集被扩展到大数据集中，因此它也不是大数据的本质特征；（5）之所以能从大数据中寻找到小数据无法寻找到的洞见，一个关键的特征在于大数据是多维的和完备的，也就是可以从多个维度去刻画事物与现象，并且要求每个维度的数据要接近完备，即全样本。由于维度之间存在联系，这便在数据上显示为关联性。因此，刘军博士就认为，多维性、完备性是大数据的主要特征；（6）数据快速增长的原因是同时发明了许多有利的技术、基础设施和处理流程，以及它们被迅速地嵌入日常事务和社会实践以及空间之中，如固定和移动互联网，嵌入计算联网的各种对象、机器和系统，数据库设计的进步，新形式的社交媒体和在线交互与交易，以及旨在处理数据丰富的新型数据分析技术。② 这些技术最大的特征在于逐渐趋于自动化（Automation）。自动化指的就是机器在没有人的直接参与下，按照人为设置的指令或者程序，按部就班地实现各项既定工作，达到预期目标的过程。无监督学习算法的发展，使得机器在自动化领域取得了重要的进步，而大数据发展的最终指向必然是实现“自动化”，这是机器崛起的重要标志。

---

① Kitchin R.,“Big Data and Human Geography Opportunities, Challenges and Risks”, *Dialogues in Human Geography*, 2013, Vol. 3 (3), pp. 262 – 267.

② Kitchin R.,“Big Data, New Epistemologies and Paradigm Shifts”, *Big Data and Society*, 2014, Vol. 1 (1), pp. 1 – 12.

综上所述，我们将大数据与小数据的特征进行概括，如表1—2所示。

表1—2 大数据与小数据的对比。

特征	小数据	大数据	
体量	有限	非常大	■
种类	少	多	□
速度	慢	快	■
穷尽性（完备性）	样本数据	全样本	■
分辨率和索引性	由粗和弱到细和强	细和强	□
关联性	弱	强	□
延伸性和可扩展性	中低	高	□
多维性	单一	高	■
自动化	弱	强	■

□表示非大数据本质特征，■表示大数据的本质特征

首先，沃尔夫冈所揭示的大数据的“自动化”特征，抓住了大数据的一个重要的特征。其次，随着大数据的发展以及对大数据研究的不断深入，大数据的“多维性”被认为是大数据的主要特征。因此，基于对“大数据”与“小数据”的对比分析，以及对大数据本质属性的抽象，我们认为大数据的特征包括：

（1）Volume——体量大；

（2）Dimension——维度多；

（3）Volocity——速度快；

以这些特征为基础，在整体上还要求具有完备性和自动化特征（Complete & Automation），如图1—4所示。

大数据作为一个整体性的数字系统，存在数据外貌、技术和观念三个层面的总体规定性。首先，体量（V）、维度（D）、速度（V）属于对大数据样貌层面特征描述；其次，完备性和自动化（C&A）则是对大数据技术方面的要求，是数据作为世界3自主性和演化性的基础。对大数据完备性和自动化的整体要求，其实现路径是基于数据技术的迅速发展，包括数据生成技术（互联网，GPS，物联网）、数据获取技术、

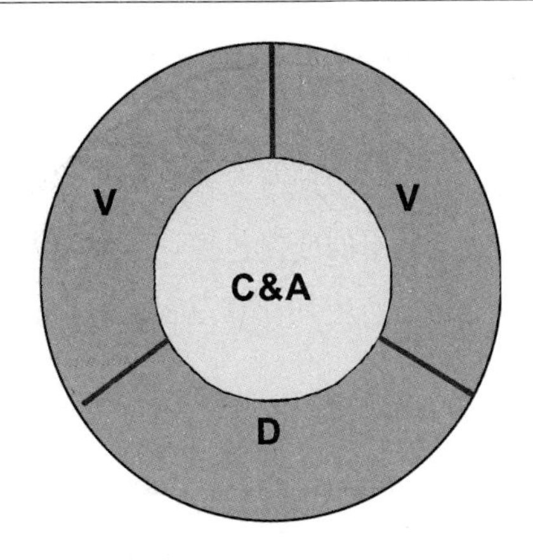

图 1－4

数据存储技术、数据处理技术（算法、并行和分布式计算等）。最后，大数据代表着一种理解世界的新观念和思考问题的全新的方式。三者的综合作用，造就了大数据洞察世界、认识世界、形成知识的全新的方式。

四　计算与算法

计算虽然是生活中最普遍、最常见的事情之一，但长期以来人们对计算的本质都缺乏清晰的认识。随着数学方法的基石——证明或推理的概念逐渐产生演变，才让“计算”这个古老却不被人所重视的概念——因为常常被认为是缺乏创造性的枯燥的活动——回到了科学研究的中心。有人认为，古希腊人后来不重视计算的原因就在于他们建立了一套公理化的推理体系——他们将计算彻底抹去，只研究推理。[①] 而 20 世纪 30 年代以降，经库尔特·哥德尔（Kurt Gödel）、阿隆佐·丘齐（Alonzo Church）以及阿兰·图灵（Alan Mathison Turing）等天才人物的努力，对计算的本质不甚了了的状况才逐渐有所改变。尤其是著名的丘奇－图灵论题（The Church－Turing thesis）——任何直观上可计算的

① ［法］吉尔·多维克：《计算进化史——改变数学的命运》，劳佳译，人民邮电出版社 2017 年版，第 15—16 页。

函数都可以由某个图灵机来计算[①]——的提出，从根本上改变了人们对计算本质的认识。丘奇—图灵论题更为具体的说法是："所谓计算，就是从已知符号串开始，一步一步地改变符号串，经过有限步骤，最后得到一个满足预先规定的符号串的变换过程。也就是说，所有可计算的函数都是通过符号串的变换来实现其计算过程的，即计算就是符号（串）的变换。"[②]

戴维德·希尔伯特（David Hilbert）使计算变成了语言相关的、面向机器的程序计算，而丘奇和图灵的可计算思想意味着（语言处理）符号计算与算数计算是一体的，都是图灵机可实现的。也就是说计算实际上包括了算数计算和符号计算。而技术的发展，不断地改变着可量化与不可量化、可计算性与不可计算性的边界。一方面，在于量化技术和手段、计算技术和手段在不断地进步和拓展，如各种先进的图形标注手段的出现，使得从图片中提出的对事物质和量的差别，可以用于对某个模型的建构与计算。因为在"数字计算机中，基于图灵机的架构，经过存储程序、表处理、LISP 语言等发展阶段，逐渐出现了具有指称性质的符号，以及符号加工的计算概念。数字计算在实质上等同于符号计算。"[③]另一方面，计算机的存储能力、计算能力、传送能力突飞猛进，这使得能用计算机处理的问题越来越复杂。超级计算机运算速度可以达到万亿次/秒以上，而并行计算、分布式计算的发明又可将大规模的计算问题通过整合不同的计算资源（计算机终端），协调处理，从而打破了经典图灵机在时间和空间上的限制，使整体上的计算速度获得了质的提升。例如，谷歌大脑（Google Brain）项目用了 16000 个 CPU Core 的并行计算平台来保证算法的运行速度，这为 AlphaGo 的成功提供了强大的计算力保证。

算法也叫能行方法，被认为是数学中最基础的部分，如加、减、

---

① 莫绍揆：《递归论》，科学出版社 1987 年版，第 167 页。

② 齐磊磊：《从计算机模拟方法到计算主义的哲学思考——基于复杂系统科学哲学的角度》，《系统科学学报》2015 年第 1 期。

③ 李建会、夏永红等：《心灵的形式化及其挑战》，中国社会科学出版社 2017 年版，第 384—385 页。

乘、除，矢量运算、微积分等。通俗地讲，它指的是那些解决问题的指令、机械步骤或者程序。其基本要求是能在特定的时间内，通过有限的步骤完成计算过程并得到明确结果。[①] 从阿基米德算法到现在的各种复杂算法，它们作为对人类思维的物化、大脑的外延，早已确立起了自己的认识论地位。算法业已成为人类认识事物的重要补充和手段，是人类理性的重要结晶。但是随着算法的不断进化，目前的算法已经不再像加、减、乘、除、微积分一样的那种简单而确定的规则系统了。在大数据背景下，算法早已显示出了其复杂性、随机性特征。

算法是如何工作和发展的呢？比利时数学家、哲学家吕克德·不拉班迪尔（Luc de Brabandere）将其分为四个阶段。第个一阶段，作为最好的工具的阶段。在这个阶段算法是确定的。你输入问题，算法会给你确定的结果。比如搜索引擎中，当你输入"《窃听风云》的导演是谁"，算法瞬间会给你一个确定的答案。这是算法世界中最美好的部分。第二个阶段，算法开始展示非中立、不客观和不公正的一面。比如人们会发现两个人用谷歌做同样的搜索，将得到不同的结果。说明算法开始区分使用者，而这是基于他们对大数据的收集。第三个阶段，算法开始解码使用者的兴趣，购买力，习惯等。极端的情况就是你在它们面前是透明的，算法可能比你自己更了解自己！比如你只要购买过关于"算法"的书籍，它就会源源不断地将此类书推送给你进而强化你的这些行为，以至于到第四个阶段，他们开始塑造并固化你的"形象"，包括固化习惯、品味等，使你依赖网络（算法），从而产生一种需求。因此他认为，算法更像是"毒品"。[②] 美国的数学家、统计学家凯西·奥尼尔在《算法霸权》将算法比作是一种杀伤性武器，是不透明、规模化和毁灭性的。[③]

---

① 李建会、符征、张江：《计算主义——一种新的世界观》，中国社会科学出版社2012年版，第21页。

② ［法］吕克德·不拉班迪尔：《极简算法史》，任铁译，人民邮电出版社2019年版，第90—94页。

③ ［美］凯西：《奥尼尔算法霸权——数学杀伤性武器的威胁》，中信出版集团2018年版，第1—17页。

对于大数据与算法的关系，我们需要做进一步的说明。其实，上述事例和研究成果已经表明，算法和数据之间的关系不是单向的。这一点在图灵机的设计思想中就体现了出来：一方面，实现算法的程序是对数据进行操作的指令；另一方面，对于程序来说，其本身又是数据，二者相互缠绕。[①] 这种相互缠绕的机制在大数据实践中处处存在！

首先，数据需要算法"发声"。对于可计算的大数据集，数据中存在的规律性不可能自动地显现，尤其是复杂的规律。算法作为对数据做计算的指令、程序系统，可以在有限的步骤内获得关于数据中隐含的规律。因此，"只要有了数据，知识就会产生"[②] 这种极端的大数据主义观点忽视了算法的重要性。"数据"自身不会"发声"，"算法"的重要作用就是使数据"发声"。

第二，算法需要不断地优化和进化，用大量优质数据对算法进行训练是优化的主要途径。早期的算法虽然是靠人类的经验总结出来的，如阿基米德算法、割圆术等，但是目前人类所拥有的和正在发展着的复杂算法，如复杂神经网络算法、BP 神经网络算法等，首先是人类理性的产物；其次，数据为这些算法的优化提供了重要的基础与可能。有人认为有了数据和相应的算法之后，理论将终结，人类的理性将再无用武之地。这种片面的观点的出现，正是由于没有看到算法不仅需要通过人类理性来设计，而且还需要人类用数据不断地训练和优化。以对垃圾邮件的识别与分类为例：互联网上的无用的邮件，如营销广告、虚假招聘、病毒等，都属于垃圾邮件。如果不对这些邮件进行分类和清除，对邮箱服务商和用户都会带来很多麻烦。由于垃圾邮件不可能自己给自己贴上"垃圾邮件"的标签，所以就需要相应的算法如贝叶斯分类算法为它们贴上"垃圾邮件"的标签，从而对它们进行阻止和清除。但是仅有算法是远远不能识别出垃圾邮件的，因为这些算法一开始并不聪明，人们需要不断地将哪些是垃圾邮件，哪些不是垃圾邮件，各自都有哪些特征

---

① 李建会、符征、张江：《计算主义——一种新的世界观》，中国社会科学出版社 2012 年版，第 27 页。

② Anderson C.，"The End of Theory: The Data Deluge Makes the Scientific Method Obsolete"，*Wired*，2008，Vol. 16（8），pp. 1 -3.

进行标记。数据源源不断地输入算法，对算法进行训练，最终会使算法在邮件识别中变得越来越聪明，越来越精确。

第三，以上两点说明，数据与算法是处在一种相互依存、相互塑造和共同进化的关系之中，但这种关系具有天然的不确定性和随机性。表现在以下几个方面：（1）由于大数据具有的大量、多维、快速以及整体上的完备性和自动化特征，通过算法可以获得许多人们意想不到的结果；反过来说，如果数据不大、维度不多、速度不快，在整体上也缺乏完备性和自动化特征时，要想发现事物间人们意想不到的内在联系就非常困难。另外，由于算法是出于不同的目的和原理设计而来的，而不同的人在数据实践中可以自由选择不同的算法，所以当不同的算法作用于同一数据集时，就有可能找到不同的规律——这也形成了不同算法都有其各自存在的独特理由。（2）由于算法可以在大数据的训练下不断地进化，也就是算法通过数据不断地塑造自身，因此数据的质量会影响算法的优化及其产生的结果。比如训练算法的数据如果存在偏差，其结果是数据不但不会使算法实现优化，还会导致这些数据存在的问题经过算法的不断迭代而进一步放大。（3）算法本身是人类理性的结晶，抽象与简化是算法形成过程中所必不可少的步骤和方式。[①] 这也意味着算法在设计之初不得不引入的某种简化或误差，也会在之后不断的迭代中被不可避免地放大，这也被称之为算法的“原罪”。

虽然有这样或那样的问题，但由于只有算法才能使数据发声，因此算法作为人类通过理性所形成的一种认识数据的特殊工具，它在大数据技术中就处于核心的地位。鉴于算法的这种不可替代的重要性，强硬的计算主义者甚至将生命、宇宙都看成是由算法决定的：“整个人类历史就是一套生物算法不断进化而使得整个系统更加有效的历史。”[②]

总之，计算与算法的观念为人类提供了一种认识和理解世界的方式。这种方式的有效性被自然科学的成就所证明，也因此引发了计算社会科学研究的热潮。统计理论的建立和发展，使得人们可以用有效的方

---

① 段伟文：《大数据知识发现的本体论追问》，《哲学研究》2015 年第 11 期。

② ［以］赫拉利·尤瓦尔：《未来简史》，林俊宏译，中信出版集团 2017 年版，第 25 页。

法解决之前无法解决的随机性的问题，即在某种程度上“驯服了偶然”，并成功促使各门学科的统计理论迅速发展；计算机的出现，一方面将现象通过0和1的二进制方式进行编码，另一方面，汇编语言又使计算机对数字化信息实现了自动化运算。因此，人类对计算、算法来理解世界的观念进一步加深。而大数据的出现客观上解决了人们长期以来的数据缺乏的困境：人类生成数据的方式、获取数据的手段越来越多，并且越来越趋于自动化；于是对这些大数据集进行处理和计算，以便从中发现“洞见”便成为大数据时代最主要的问题了。

第二章　大数据知识发现的路径研究

大数据如何认识世界？大数据是否是理论自由的？有了大数据，仅仅需要相关性就够了吗？大数据是否已经形成稳定的研究范式？大数据能完全代替经典的研究方法吗？……学界在这一系列的认识论问题上，都存在激烈的甚至是针锋相对的争论，因此从认识论的角度对它们进行深入探讨，就成为了我们重要的任务。

一　大数据认识论问题中的两个流派

分析大数据认识论研究中的各种观点，虽然错综复杂，但是在整体上又呈现出两个泾渭分明的流派，一曰激进派，二曰保守派。

（一）大数据激进派

这一派最为典型的代表人物是维克托·迈尔-舍恩伯格，他概括了大数据在认识论上引发的三方面的变革："更多"（全体优于部分），"更杂"（杂多优于单一），"更好"（相关优于因果）。他认为，有了大数据，"科学家不再需要进行有根据的猜测，构造假设和模型，并用基于数据的实验和实例来测试它们。相反，他们可以挖掘完整的数据集，以揭示效果，产生科学结论；并且不需要进一步的实验验证。"[①]克拉克（L. Clark）认为，人们可以

① Prensky M. H.，"Sapiens Digital：From Digital Immigrants and Digital Natives to Digital Wisdom"，*TD - Tecnologie Didattiche*，2010，Vol. 50，pp. 17 - 24.

从“实验数据中‘蒸馏’自由形式的自然规律”[①]，即借助于一些自动化工具，“无论对象的复杂性如何，在没有问题的情况下，程序可以自动地发现洞察，就像一种‘数字意外’”。[②] 对于模型在研究中的作用，简·斯普林格（Jan Sprengery）认为：“科学和统计推理主要建立在明确的参数模型之上，往往有很好的理由。然而模型的有限性和现代科学研究系统的日益复杂性增加了它的错误定位的风险。因此，基于大数据的推理技术是一种可行的替代模式。”[③] 此外，在认识论道路上走得最远的是安德森。他宣称：“由于技术可以捕捉到关于对象的任何数据点，而对这些数据的分析又能产生非常准确的结果。因此，传统的抽样调查（小数据）的方法将被彻底淘汰。在这种研究方式下，只需要关心相关关系，不再需要去探究现象背后的机制和原因。”[④] 可以说，我们已经不需要科学或模型了，理论将被大数据研究终结。[⑤] 克拉克说得也更加直白：“它的意图是完全删除进入数据挖掘的人类因素以及所有的人类偏见。而不是等待被问到一个问题或被引导到特定的现有数据链接，系统将提供给人类自己可能没有想到的要寻找的模式。”[⑥] 舍恩伯格对此也持类似的观点。他认为：“大数据的相关分析方法更准确、更快，而且不受偏见影响……因为它不受限于传统思维模式和特定领域里隐含的固有偏见，大数据才

① Schmidt M. & Lipson H., “Distilling Free - form Natural Laws from Experimental Data”, *Science*, 2009, Vol. 324 (5923), pp. 81 - 85.

② Clark L., “No Questions Asked: Big Data Firm Maps Solutions Without Human Input”, http://www.wired.co.uk/news/archive/2013 - 01/16/ayasdi - big - data - launch.

③ Sprenger J., “Science without (parametric) Models: the Case of Bootstrap Resampling”, *Synthese*, 2011, Vol. 180 (1), pp. 65 - 76.

④ Anderson C., “The End of Theory: The Data Deluge Makes the Scientific Method Obsolete”, *Wired*, 2008, Vol. 16 (7), pp. 1 - 3.

⑤ 董春雨、薛永红：《从经验归纳到数据归纳：特征、机制与意义》，《自然辩证法研究》2016 年第 5 期。

⑥ Clark L., “No Questions Asked: Big Data Firm Maps Solutions Without Human Input”, http://www.wired.co.uk/news/archive/2013 - 01/16/ayasdi - big - data - launch.

能为我们提供更多的新视野。”①

大数据激进派的基本观点可以概括为：数据可以客观地表征世界；只要数据量足够大，就不需要模型、不需要问题、不需要相关的理论；只要在数据的驱动下，数据可以自己发声；相关性是世界的本质；由于大数据可以完全避免人类的主观因素进入科学研究，大数据知识发现的模式就更客观，也更自由。

（二）大数据保守派

保守派一方面承认大数据的独特性，另一方面对大数据是否能客观反映实在等保持理性的怀疑态度，并且通过案例和证据，对激进派的各种论调一一反驳。这一派的代表人物冯启思（Kaiser Fung）就认为：“大数据所谓的‘N = all’全样本承诺只是一种理想，而不会是现实。”② 英国信息哲学家弗洛里迪认为，大数据时代真正的认识论问题是如何寻找数据中的“小模式”。“小模式”代表竞争的新领域：从科学到商业，从治理到社会政策。他警告说，大数据有风险，因为它们改动了可预测的范畴和界限。③ 他认为，虽然大数据在寻求相关性方面具备其他方法难以企及的优势，因为“大数据改变了科学研究的方式，使我们在很多情况下能像谷歌（Google）一般，很容易获得关于事物之间的内在联系。但是若不借助模型和因果机制，人类对事物的理解根本达不到谷歌这样的级别。此外，更为重要的是，也绝不会有人愿意将自己对事物的理解水平停留在这个层次，并乐此不疲。”④ 而约翰·蒂莫

---

① ［英］维克托·迈尔－舍恩伯格、肯尼思·库克耶：《大数据时代》，盛杨燕、周涛译，浙江人民出版社 2013 年版，第 27—94 页。

② ［美］冯启思：《对“伪大数据”说不：走出大数据分析与解读的误区》，中国人民大学出版社 2015 年版。

③ Floridi L.，“Big Data and Their Epistemological Challenge”，*Philos and Technol*，2012，Vol. 25（4），pp. 435－437.

④ Harford T.，Why the Cloud Cannot Obscure the Scientific Method，http：//arstechnica. com/uncategorized/2008/06/why－the－cloud－cannot－obscure－the－scientific－method，2008－06－26.

(John Timmer) 则认为，对相关关系的研究只是为了引起科学家注意，相关关系通常会很吸引人，因为它可能产生有效的预测，但是模型和相互作用机制所能做的不仅是实现准确预测，最为关键的价值在于它可以推动科学发展和应用。"[①] 戴维·布鲁克斯（David Brooks）认为，很多基于大数据的相关性研究只是"白噪声"，因为对海量的数据的分析必然会制造出更多、更大的"干草垛"（相关关系），而其中必然存在很多伪相关甚至虚假相关的东西，它们的数量也会随着数据量的增加而呈现指数式的增长。其结果是，人们要想从这个巨大的"干草垛"里找到关于事物本质的联系将变得非常困难。[②]

保守派极力反对所谓的数据驱动和理论自由。威廉·克勒曼(William T. Coleman) 说过，除非你对你正在思考的事情创造出一个模型，否则当你面对大数据时也不会有任何问题可以提出……而且当你在问问题的时候，已经必然存在了某种偏见。尽管大数据可能力求详尽无遗，捕捉整个领域并能透视每一个角落，但它既是一种表征，也是一种样本。数据由技术和平台所产生，由数据使用和监管环境所决定，并且受到抽样偏差的影响。[③] 事实上，所有数据都提供了关于世界的独断性的观点：它在使用特定工具的某些优势，因而不是一个看不见的、绝对可靠的上帝之眼。因此，在这一派看来，数据并不是简单地以中立和客观的方式从世界中抽象出来的自然和必要的元素，数据是在一个复杂的组合中产生的，它主动地塑造着自身。

当然，这一派也坚决反对大数据将使理论终结的观点，因为"识别数据中的模式的归纳策略不会发生在科学的真空中，它受限于先前

---

① 董春雨、薛永红：《从经验归纳到数据归纳：特征、机制与意义》，《自然辩证法研究》2016 年第 5 期。

② Brooks D., "What You'll Do Next: Using Big Data to Predict Human Behavior", *The New York Times*, April 16, 2013.

③ Boyd D., Crawford K., "Critical Questions for Big Data", *Information Communication & Society*, 2012, Vol. 15 (5), pp. 662 - 679.

的发现、理论和训练，或者说这种猜测是以先前的经验和知识为基础的。”[①] 沃尔夫冈通过案例研究，不但发现了大数据可以寻求因果：“认为因果知识对数据驱动是多余的看法是有缺陷的，因果知识应该被认为是大数据科学的必要元素”，[②] 而且还发现大数据所使用的算法作为“关于研究问题的框架，在外部意义上是负载着理论的。”[③] 此外，“因果知识不仅对大数据研究的投入很重要：尝试实现项目目标同样重要……在没有理论的情况下，数据不会被捕捉、汇总。如果没有理论，数据也就没有意义。”[④] 他们认为，这种不需要模型与理论的论调实质上是“混淆了基础理论和现象建模的关系。科学不仅仅是用来产生一个简单机械的对各种相关性的预测，相反，它的目标是使用那些从数据中抽取的规律，建构一个统一的方法来合理地理解它们。”[⑤]

对于大数据方法与经典方法的关系，戴维德·贝瑞（David Berry）认为：“大数据中存在着一种傲慢的倾向——其他分析方法太容易靠边站了。传统方法在大数据面前的缺席，说明这是一个不欢迎的旧有智能工艺的体系，但由大数据所提供的知识和信息却缺乏哲学的调节能力，即缺乏康德哲学所追求的那种知识的理性基础。”[⑥] 类似地，剑桥大学的戴维·斯皮格汉特（David Spingelhalter）认为：“在大数据研究中存在着许多的小数据的问题，它们不但不会消失，而且还会随着数据量的增加而变得越来越突

---

① Sabina L.，“Integrating Data to Acquire New Knowledge: Three Modes of Integration in Plant Science”，*Studies in History & Philosophy of Biol & Biomedi*，2013，Vol. 44（4），pp. 3 - 514.

② Canali S.，“Big Data, Epistemology and Causality: Knowledge in and Knowledge Out in EXPOsOMICS”，*Big Data & Society*，2016，Vol. 3（2），pp. 1 - 11.

③ Pietsch W.，“Aspects of Theory - Ladenness in Data - Intensive Science”，*Philosophy of Science*，2015，Vol. 82（5），pp. 905 - 916.

④ M. Frické.，“Big Data and Its Epistemology”，*Journal of the Association for Information Science & Technology*，2015，Vol. 66（4），pp. 651 - 661.

⑤ ［英］托尼·赫伊、斯图尔特·坦斯利：《第四范式：数据密集型科学发现》，潘教峰、张晓林译，科学出版社2013年版，第194页。

⑥ Boyd D. & Crawford K.，“Critical Questions for Big Data”，*Information Communication & Society*，2012，Vol. 15（5），pp. 662 - 679.

出……，统计学的难题并没有因为大数据及其相关技术的出现而得到解决，如对因果关系的理解、对未来的预测以及如何对一个系统进行干预和优化。”① 因此，“尽管大数据和相关的新分析方法快速增长，但小数据依旧是研究事物的重要组成部分。而且在将来不会出现范式的转变，即大数据研究取代了小数据的研究，小数据和大数据将互相补充。”②

通过上述对两个大数据流派所持观点的梳理，我们可以将大数据认识论中的关键问题大致归纳为：大数据与现象之间的关系——主要是现象如何被大数据表征的问题；大数据与理论（模型）的关系，可归结为大数据到底是数据驱动还是理论驱动的；相关性与因果性的关系；大数据是否是理论自由的；大数据方法与经典方法（小数据方法）的关系。以下我们将通过对两个经典的大数据案例的分析来对以上问题进行回答。

二 案例研究

（一）人类数感（Number Sence）研究

心理学研究表明，人们对物体或事件的数量存在一种非言语的表征方式。这种表征区别于通过言语或数字符号对数量的精确表征，它具有近似性和不精确性。③ 心理学家将这种表征系统称为近似数量系统（approximate number system，ANS）。ANS 被认为是一种与生俱来的结构，是人类数感和形成数学能力的基础，并且在理论上服从韦伯定律。此外，无论人类还是动物都有 ANS，它不仅体现在视觉任务中，也能体现在听觉任务中。脑科学研究表明，脑区双侧的顶内沟处大致为 ANS 系统所处的位置。目前心理学对该领域的研究成果被广泛应用到教育教学实践中。但这一领域的研究一直以

① Harford T.，“Big Data：Are We Making a Big Mistake？” *Significance*. 2015，Vol. 11（5），pp. 14－19.

② Kitchin R.，Lauriault T. P.，“Small Data in the Era of Big Data”，*GeoJournal*，2015，Vol. 80（4），pp. 463－475.

③ 曹贤才、时冉冉、牛玉柏：《近似数量系统敏锐度与数学能力的关系》，《心理科学》2016 年第 3 期。

来缺乏对 ANS 在整个生命周期内的研究，因为实践中很难对每一个样本进行终生的追踪研究。大数据的出现为心理学家研究这一问题提供了可能。约翰·霍布金斯大学的心理学家 Justin Halberda 的研究方案是，通过已有的 ANS 理论构造测试模型，然后在线发布，并且向全球征求志愿者，在线完成测试任务。在短短的几个月时间里，他们便收集到了 13000 名年龄在 11 到 85 岁之间，且分布在不同地区的测试者。测试过程中，被试除了被要求完成基本的量化数据外，还要回答年龄、数学能力等问题。通过科学的数据筛选之后，对数据做相关性分析，得到研究结论。①

两个反应 ANS 精确度的量分别为韦伯系数（W）和响应时间（RT）。韦伯系数（W）越小，近似数量系统敏锐度越高；响应时间越短，ANS 精确度越高。

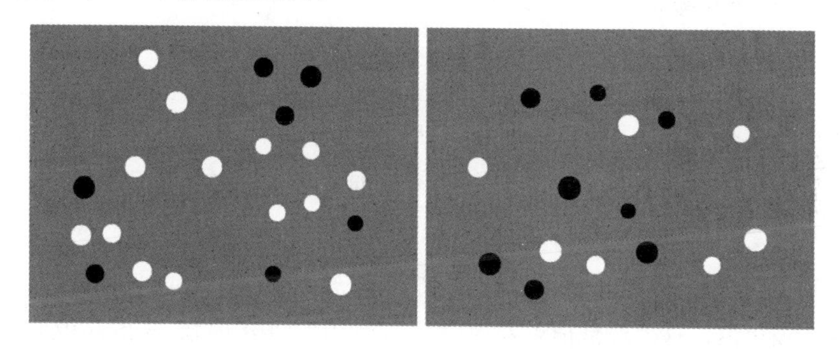

图 2—1　ANS 点测试的试验，被试需要回答两种颜色的点哪种多

通过对这些数据的分析，Halberda 不但完成了对人类数量感知力发展的整体描述，验证了前期对于不同年龄阶段 ANS 与数学水平之间的理论假设（如 ANS 与数学能力之间呈正相关等），填补了这一领域的研究空白，还发现了之前没有发现的“意外”规律。

① Halberda J. , Ly R. , Wilmer B. , et al. “Number Sense Across the Lifespan as Revealed by a Massive Internet - Based Sample”, *PNAS*, 2012, Vol. 109 (28), pp. 11116 - 11120.

表 2—1　自我报告的学校数学能力与 ANS 精度的相关性

Table 1. Correlations of self-reported school mathematics ability and ANS precision

Age group	No. of pts.	r/rel_{sb}*/P value†		
		w	RT	*w* and RT
All subjects	10,548	$-0.19/0.72/7.3\times10^{-83}$	$-0.09/0.98/3.1\times10^{-21}$	$-0.22/0.77/1.5\times10^{-111}$
11–17 y (1st decile)	994	$-0.13/0.73/3.5\times10^{-5}$	$-0.11/0.98/5.4\times10^{-4}$	$-0.19/0.74/1.9\times10^{-8}$
18–20 y (2nd decile)	1,267	$-0.21/0.74/5.4\times10^{-14}$	$-0.04/0.98/1.1\times10^{-1}$	$-0.22/0.75/7.0\times10^{-15}$
21–22 y (3rd decile)	919	$-0.19/0.70/5.5\times10^{-9}$	$-0.09/0.98/7.0\times10^{-3}$	$-0.23/0.73/3.3\times10^{-11}$
23–24 y (4th decile)	1,017	$-0.19/0.72/6.4\times10^{-10}$	$-0.06/0.98/5.8\times10^{-2}$	$-0.21/0.75/8.7\times10^{-11}$
25–26 y (5th decile)	1,013	$-0.23/0.70/5.6\times10^{-14}$	$-0.08/0.98/7.1\times10^{-3}$	$-0.26/0.74/1.7\times10^{-16}$
27–28 y (6th decile)	868	$-0.17/0.71/9.2\times10^{-7}$	$-0.05/0.98/1.4\times10^{-1}$	$-0.18/0.76/5.7\times10^{-7}$
29–32 y (7th decile)	1,310	$-0.19/0.69/1.4\times10^{-12}$	$-0.04/0.98/1.8\times10^{-1}$	$-0.20/0.76/1.6\times10^{-12}$
33–37 y (8th decile)	1,066	$-0.14/0.69/2.8\times10^{-6}$	$-0.05/0.98/7.4\times10^{-2}$	$-0.15/0.77/2.9\times10^{-6}$
38–44 y (9th decile)	991	$-0.20/0.70/2.2\times10^{-10}$	$-0.07/0.98/3.6\times10^{-2}$	$-0.21/0.78/7.8\times10^{-11}$
45–85 y (10th decile)	1,103	$-0.20/0.69/5.8\times10^{-11}$	$-0.11/0.99/2.4\times10^{-4}$	$-0.23/0.79/2.0\times10^{-13}$

*Mean Spearman–Brown corrected split-half reliability. This mean was calculated across 75 separate, randomly determined splits of the data into two halves. The SD across splits was <0.02.

†*P* value indicates the significance of *r*.

在整体上，这个研究测量了超过 10000 多名被试的 ANS 的精确度，并用可视化的方法表现了这个核心认知系统的变化。（见下页图 2—2）

在具体研究结论中，除了应证了前期对于不同年龄阶段 ANS 与数学水平之间的研究成果（如 ANS 与数学能力之间呈正相关等）外，还得到了前期没有获得的研究结论。如图 2—2 中的 A 图所示，拟合曲线存在极小值，这个最低值处在 30 岁左右。年龄小的时候 W 值高说明在学龄期通过教育可以逐渐提高 ANS 的精确度，而到约 30 岁时达到最佳精确度。在图 2—2 的 B 图中，响应时间也存在极小值，说明通过教育可以缩短反应时间，但是最佳时间在 15 岁左右；在整个生命周期内的大量重叠的黑线表明，即使在发育成熟之后，W 和 RT 的个体差异仍然很大。①

（二）谷歌流感预测（GFT）

流感尤其是季节性流感是人类社会长期面临的一个世界性的威

① 图 2—1、图 2—2，表 2—1 均来自 Halberda J（2012）等人的研究论文。

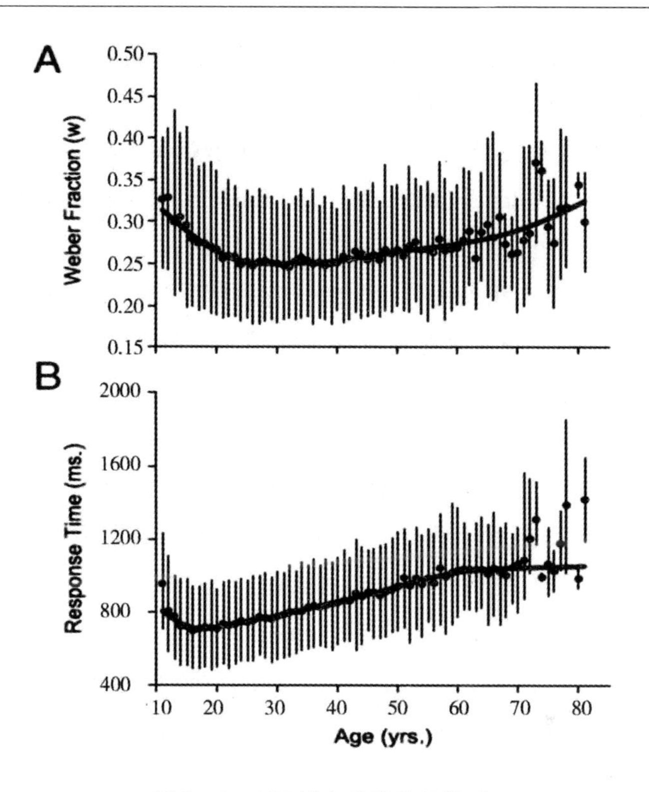

图 2—2　ANS 随年龄的变化关系

胁和问题。据统计，全球每年约有 250000—500000 人死于季节性流感。早期发现流感疫情，然后迅速做出反应，可以有效控制疫情的发展、降低病亡人数。美国疾病控制和预防中心（CDC）、欧洲流感监测计划（EISS）所使用的流感预测系统，都是依据病毒学理论（如病毒的致病原理、病毒的传播与进化等），使用临床监测数据（确诊的流感病人、疑似流感病人的就诊数据，等），对流感进行预测，并向公众发布预测报告。但预测报告通常会滞后 1—2 周。

研究人员发现，在某一地区某些词的互联网搜索频率与流感疑似病例的就诊比率高度相关。2008 年，谷歌建立了一种通过分析大量谷歌搜索查询来跟踪、预测流感疫情的系统。这一预测系统是以“一些已经出现的通过自动化方法来研究搜索查询与流感关系的相关研究为基础，通过 5 年的谷歌搜索日志中的数 10 亿次个人搜索数据为训练样本”

而完成的。[①] 在谷歌之前，使用类似方法研究流感的工作有：电话分流咨询热线的呼叫量和非处方药销售的流感研究；每年约 9000 万美国成年人在网上搜索有关特定疾病或医疗问题的数据集；网络搜索查询与疾病控制的研究（Hulth A, Rydevik G and Linde A, 2009）；基于对美国健康网站的搜索数据的跟踪与流感关系的综合监测研究（Johnson H, 2004）；基于加拿大相关网页访问的日志分析与流感监测研究（Eysenbach G. I, 2006）；雅虎搜索查询中"流感"字样搜索与多年来的病毒学和死亡率监测数据相关的报告（Polgreen, P. M, Chen Y, Pennock D, et al. , 2008）[②]。

在谷歌的预测模型中，解释变量为相同地区与 ILI 相关的检索词的检索频率。对 ILI 就诊比例与 ILI 检索频率取对数，然后线性拟合，从而生成预测模型（式 2—1），线性拟合图如图 2—3 所示。

$$\operatorname{logit}(I(t)) = \alpha \operatorname{logit}(Q(t)) + \varepsilon \qquad (式 2—1)$$

从美国 CDC 数据库中提取 2003—2008 年的 ICI 就诊数据，结合在此期间谷歌搜索中的 5000 万个检索词，进行拟合、评分，然后对评分结果由高到低排序，结果如表 2—2。

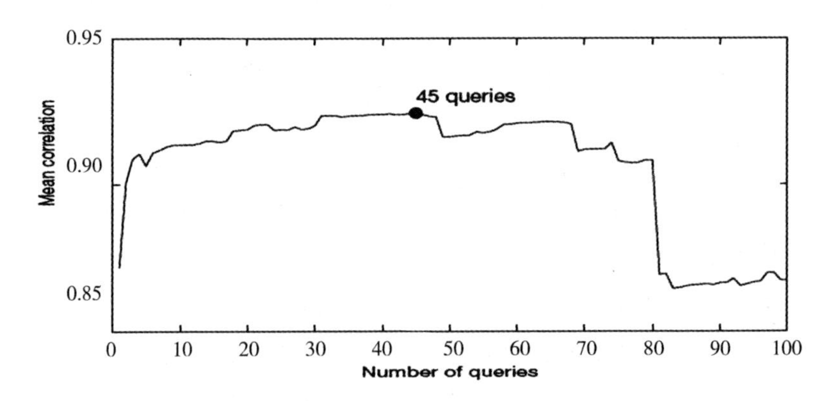

图 2—3　线性拟合图

---

① Ginsberg J. , Mohebbi M. H. , Patel R. S. , et al. "Detecting Influenza Epidemics Using Search Engine Query Data", *Nature*, 2009, Vol. 457 (7232), pp. 1012 – 1015.

② Ginsberg J. , Mohebbi M. H. , Patel R. S. , et al. "Detecting Influenza Epidemics Using Search Engine Query Data", *Nature*, 2009, Vol. 457 (7232), pp. 1012 – 1015.

表 2—2　对检索词的评分统计表

Table 1 | Topics found in search queries which were found to be most correlated with CDC ILI data

Search query topic	Top 45 queries		Next 55 queries	
	n	Weighted	*n*	Weighted
Influenza complication	11	18.15	5	3.40
Cold/flu remedy	8	5.05	6	5.03
General influenza symptoms	5	2.60	1	0.07
Term for influenza	4	3.74	6	0.30
Specific influenza symptom	4	2.54	6	3.74
Symptoms of an influenza complication	4	2.21	2	0.92
Antibiotic medication	3	6.23	3	3.17
General influenza remedies	2	0.18	1	0.32
Symptoms of a related disease	2	1.66	2	0.77
Antiviral medication	1	0.39	1	0.74
Related disease	1	6.66	3	3.77
Unrelated to influenza	0	0.00	19	28.37
Total	45	49.40	55	50.60

The top 45 queries were used in our final model; the next 55 queries are presented for comparison purposes. The number of queries in each topic is indicated, as well as query-volume-weighted counts, reflecting the relative frequency of queries in each topic.

通过与 CDC 的监测数据对比，确定 N = 45（即前 45 个检索词）时的预测结果与检测结果高度相似，如图 2—4 所示。

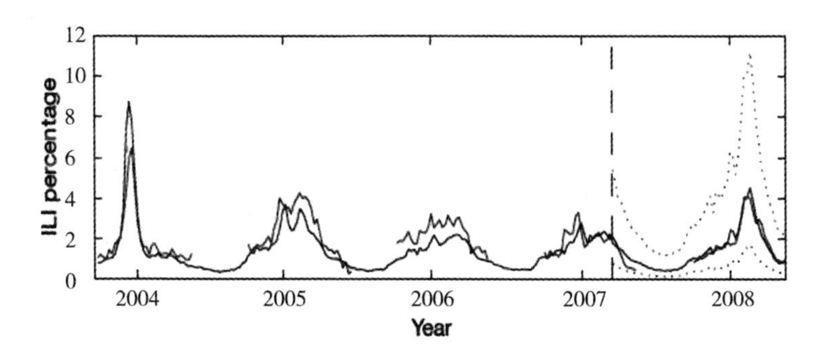

图 2—4　对大西洋区的预测（深色）与 CDC 监测结果（浅色）的比较

将这 45 个检索词作为监测对象来预测 ILI 的趋势，与 CDC 的预测结果相比较（如图 2—5），其中 2008 年季度预测的结果与美国 CDC 的监测结果的相关系数达到 0. 97。最为关键的是由于可以快速处理搜索查询，因此产生的 ILI 估计值始终比疾病预防控制中心 ILI 监测报告提前 1—2 周。

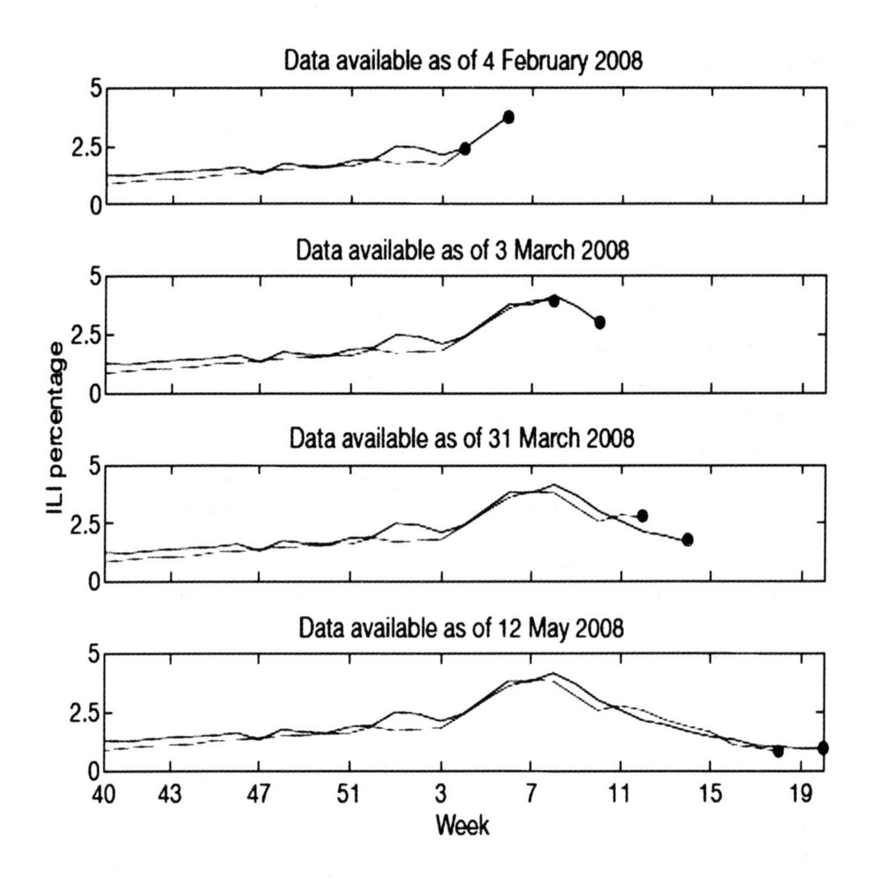

图 2—5 大西洋区 2008 年 2—4 月份的预测对比图

三 两类大数据

我们对以上的两个案例的共同点和不同点做出区分，如下表 2—3 所示。

表 2—3　两种大数据案例特征对比

	相同点	不同点
案例一 （人类“数感”研究）	◆数据量大 ◆传统方法无法完成处理 ◆使用新算法 ◆具有一定的自动化程度 ◆使用人类已有知识	◆使用本学科基本理论和模型 ◆有具体的问题 ◆问题驱动 ◆追求相关性，但引发了对因果性追求 ◆使用人类已有知识理解和解释结论 ◆目的：拓展研究宽度，揭示更多未知规律，识别因果结构 ◆应用领域：科学
案例二 （谷歌流感预测）	◆数据量大 ◆传统方法无法完成处理 ◆使用新算法 ◆具有一定的自动化程度 ◆使用人类已有知识	◆使用数学模型 ◆无具体问题 ◆数据和算法驱动 ◆追求相关性 ◆不使用人类已有知识理解和解释 ◆目的：预测、控制 ◆应用领域：社会

两个大数据案例恰好反映了两个大数据流派对大数据的不同认识。比如当研究者基于“案例一”进行分析时，必然会得出诸如大数据研究离不开模型、问题驱动、相关性不能代替因果性等结论，而影响人类“数感”的机制是什么仍旧悬而未决；如果以“案例二”为依据时则可以得出，大数据不需要具体问题、只需要相关性就足够了，因为其研究目的就是为了预测和控制。

因此，我们认为对大数据的认识之所以存在两种针锋相对的观点，是因为“大数据”所指称的对象并不同一。也就是说，客观上存在着两类“大数据”，或者可以认为有两种大数据研究路径：一种是用数据的方法研究科学（To Study Science In a Data Way，简称 SSD），如案例一；另一种是用科学的方法研究数据（To Study Data In a Scientific Way，简称 SDS），如案例二。两类大数据从“从属的关系上讲，都属于数据科学。”①

1. 用数据的方法研究科学（SSD）。它的研究对象首先是一个科学问题，采用的是将科学对象数据化，然后运用列表、排序、回归、聚类、计算机模拟等方法，研究数据背后的规律。由于技术的不断进步使“万物皆可数据化”成为可能，从而使这一方法迅速在科学研究中兴起。历史地看，开普勒对行星运行轨迹的研究就是一个 SSD 的经典案例，只不过当时的数据完全可以用手工处理而已。而到大数据背景下，数据量大到无法用传统方法处理，需要大数据相关技术的介入。华大基因工程最近公开的关于用大数据技术对中国人进化图谱的研究，就是典型的案例。

2. 用科学的方法研究数据（SDS）。它的研究对象首先是海量数据，采用的方法是关于数据收集、处理和分析的方法，包括在计算机和数据库出现以来所形成的数据库、数据挖掘以及机器学习等方法。这种方法在互联网时代迅速崛起，尤其是在机器学习技术获得突破性进展以来，得到了快速的发展。AlphaGo 的成功是这一方法的经典案例。

3. 虽然两类大数据有所区别，但随着二者的不断融合，使得它们之间的界限越来越模糊。SDS 的发展，一方面是来源于互联网技术的发展，但其所使用的方法、模型很多都是来自 SSD 的研究成果。因为科学家在处理基于模型而产生的海量数据的问题时，所创造的个性化的行之有效的方法和算法，被逐渐地扩展和一般化，从而成为一般的数据研究方法。② 正如汉弗莱斯所指出的，当小写的大数据（big data）向社

---

① 欧高炎、朱占星等：《数据科学导引》，高等教育出版社 2017 年版，第 27 页。

② 参见［英］Hey T.，Tansley S.，Tolle K.，《第四范式：数据密集型科学发现》，潘教峰、张晓林译，科学出版社 2013 年版。

会各领域渗透并迅速发展时，便产生了大写的大数据（BIG DATA）。[①]

回到上文所归纳的激进派与保守派的具体主张，结合以上的具体分析，我们认为以下三点结论无疑是可以接受的：

第一，SDS 虽然也使用模型，但是模型在其中的重要性完全低于数据本身。因为大量的数据实际上可以消除由于模型的不精确带来的偏差（最简单的方法是进行参数调整）。所以激进派宣称大数据不需要模型，虽然比较极端，但也不无道理。

第二，SSD 是以数据之间的相关性为出发点的，但它的终极目标还是在于“识别因果结构”。[②] 因为对于复杂现象，“虽然通过参数变化映射因果结构与科学本身一样古老，但在计算机中执行它可以解决以前所不能接近的因果分析的现象。这种数据密集型科学提供的新手段，用于探索高度复杂现象的因果结构，将对科学实践产生不同的影响。”[③] 也就是说，通过研究海量数据之间的相关关系，是探索复杂现象背后的因果机制的有效手段。

第三，虽然两种大数据都使用了已有的理论或知识，即大数据并非理论自由，而是负载理论的，但是从两个案例可以看出，他们负载理论的方式有所不同。在 SSD 中，从问题的提出、模型的建立，再到对结论的解释，都以现有的与研究问题相关的科学理论为基础。而在 SDS 中，在模型建立之初才会使用相关的理论（有些案例中甚至不需要理论，如“垃圾邮件分类”“啤酒与尿布”等）。这类大数据更多地使用的是算法。算法虽然负载理论，但是其负载的理论与具体问题无关，这也正是沃尔夫冈将其称为“外部负载”的原因。[④]

---

① Alvarado R.，Humphreys P.，“Big Data，Thick Mediation，and Representational Opacity”，*New Literary History*，2017，48（4）：729 – 749.

② Pietsch W.，“The Causal Nature of Modeling with Big Data”，*Philosophy & Technology*，2016，Vol. 29（2），pp. 1 – 35.

③ Pietsch W.，“Aspects of Theory – Ladenness in Data – Intensive Science”，*Philosophy of Science*，2015，Vol. 82（5），pp. 905 – 916.

④ Pietsch W.，“Aspects of Theory – Ladenness in Data – Intensive Science”，*Philosophy of Science*，2015，Vol. 82（5），pp. 905 – 916.

四 认识模式与问题

（一）知识发现的模式

由以上的案例分析，我们可以粗略地勾勒出两类大数据在总体上呈现的认识路径——虽然不一定是所有大数据都普遍遵循的模式，如图2—6：

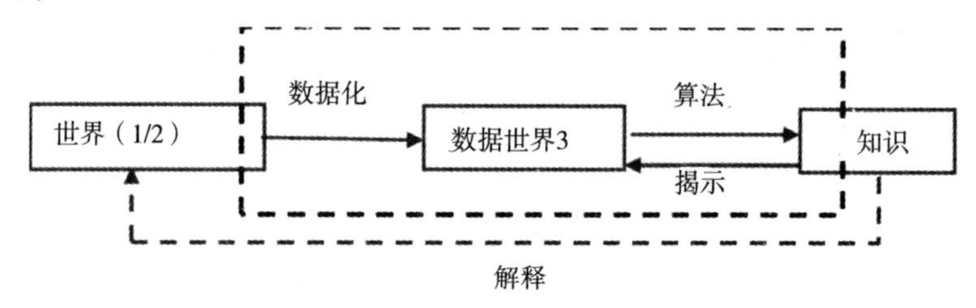

图2—6 认识路径图

第一，通过相应的技术手段将世界数据化，即对世界1、世界2实现数据化表征；第二，通过数据构造世界的镜像，即世界3；第三，通过算法，对世界3进行分析与处理，从而获得对世界3的认识，或称知识；第四，知识所揭示的是世界3的本质，如果能保证数据的可靠性、有效性，并且在保证算法透明（该问题我们在最后一章将做详细论述，在此不再赘述）的情况下，知识也是对世界1和世界2的本质的反映。如果不能保证以上条件的话，可以从诠释学、多元主义以及实在能动者等角度来理解其与世界1、世界2的关系①；第五，随着机器的崛起，“数据化”和“算法”的实现过程逐渐由机器自动完成，人的作用越来越小。如图像识别技术发展之初，需要用大量的人工标注的样本来训练识别系统，但是目前已经出现了机器自动化图片标注系统，可以替代人来完成这一复杂的任务。

以上所述的这条认识路径看似与传统科学的认识路径有很多相似之处，但二者之间存在一些本质的区别。可以概括为以下几个方面：（1）

① 这三个视角出自段伟文研究员对大数据知识的地位与作用的概括，后文会详细解读。

在传统科学研究中数据是极难获得的，因此传统科学研究中存在许多由于无法量化而形成的“科学暗区”，也就是知识分类中的第三类知识——“已知的未知”。但是，由于大数据技术具有“万物数据化”的可能，加上数据本身所具有的大量、多维、高速以及整体上的完备性和自动化特征，可能将这些“已知的未知”一一揭示出来。（2）大多数基于大数据的知识发掘可以不存在先在的目的性，并且数据的生成和处理基本上是一种“无人”的自动化过程。（3）大数据研究中所用的算法大多是经典算法，如贪婪算法、遗传算法、贝叶斯分类算法等，但是经典算法经过大数据的训练不断进化，所以在数据实践中往往能实现之前所无法实现的功能和作用。（4）大数据对知识的发掘完全可以以“数据+算法”的双重驱动来完成，而不是以具体问题为驱动的——当然如前所述，它也不排斥以具体问题为出发点。（5）因为大数据的知识直接反映的是世界3，因此关于知识的评价要采用相对较弱的标准：有效性、实用性；因为世界3的知识在目前的应用中，主要是从功能性和服务性这两个方面来进行评价的[①]。但是如果要将世界3的知识上升到对世界1、世界2的表达，则还需要一个强标准——透明性的标准[②]。以上关于大数据认识过程的讨论，表明在大数据的认识过程，认识的三个要素——主体、客体和认知模式都已经发生了根本性的变化。[③]

此外，还需要进一步强调的是，大数据是通过各种算法实现从特殊到一般的思维加工。在大数据时代，由于个体性的知识经验数量巨大，人们用传统的思维加工模式是不可能完成加工任务的。只有依托于算法以及由各种算法所组成的机器学习系统，通过自动化的数据分析技术，才能迅速、准确地揭示其中包含的一般性规律。这样，我们就可以归纳出三条认识路径：（1）纯粹靠人类感知觉而获得经验，如博物学知识；（2）通过实验仪器对人类感知觉的延伸以及对经验的数学化，使得近代自然科学得以产生；（3）到了大数据时代，由

---

① 王星：《大数据分析：方法与应用》，清华大学出版社2013年版，第27—28页。

② 关于透明性的标准将在最后一章具体讨论。

③ 董春雨、薛永红：《大数据时代个性化知识的认识论价值》，《哲学动态》2018年第1期。

于人类依靠相应的技术手段可以实现“万物数据化”，所以客观上使得对个体的认识进一步加深，而这必然导致以此为基础的对普遍性规律的认识。[①]

（二）认识论问题

弗洛里迪认为，因为与大数据相关的主要的认识论问题是如何从数据中去“发现”，所以知道哪些数据可能是有用的和相关的，即是值得收集和分析的，就成为非常重要的基础性问题。于是，我们需要更多更好的科学和技术来寻找数据背后的“小模式”[②]。在他看来，寻找那些能帮助我们筛选出有价值的数据的“小模式”是大数据认识论中非常重要的事情。而基钦则将大数据的认识论问题归结为三类：范式、经验主义和数据驱动。

1. 范式的认识论。承认大数据是一种完全不同的方法，即它提供了一种全新的认识方法来理解世界，而不是通过分析相关数据来测试理论。新的数据分析方法试图从数据中获得隐藏其中的“洞见”。[③] 随着数据的爆炸式生长以及新的认识论的发展，许多人都认为一场数据革命正在进行着，它将对如何生产知识、开展业务和制定政策等各个领域的问题产生深远的影响，或者说大数据提供了跨多个学科的新研究范式的可能性——“第四范式”的说法由此产生。作为新的认识论的核心，“第四范式”是区别于经验、理论和数据模拟的一种新范式[④]，其特点分列于下表：

---

① 董春雨、薛永红：《从经验归纳到数据归纳：特征、机制与意义》，《自然辩证法研究》2016 年第 5 期。

② Floridi L.，“Big Data and Their Epistemological Challenge”，*Philosophy & Technology*，2012，Vol. 25（4），pp. 435 – 437.

③ Kitchin R.，“Big Data, New Epistemologies and Paradigm Shifts”，*Big Data & Society*，2014，Vol. 1（1），pp. 1 – 12.

④ Hey T.，Tansley S.，Tolle K.：《吉姆·格雷论 eScience：科学方法的一种革命》，《第四范式：数据密集型科学发现》，潘教峰、张晓林等译，科学出版社 2013 年版，第 ix – xxiv 页。

表 2—4　**四种科学研究范式**

研究范式	时间	方法
经验	过去几千年	实验、描述现象
理论	过去数百年	模型和归纳
计算	过去数十年	仿真和数值模拟
第四范式	今天	将实验、理论、计算结合统一起来；数据收集、数据处理、存储、分析

2. 经验主义认识论可以归结为：（1）大数据可以捕获整个域的完全细粒度的数据；（2）不需要先验的理论、模型或假设；（3）通过不可预测性的数据分析，数据可以自己说话，并且不带任何偏见；大数据内部的模式和关系是固有的、有意义和真实的；（4）存在脱离情境的特定知识，这些知识可以被会使用统计分析或数据可视化的任何人实现；（5）大数据正在创造一种新的科学模式，其工作方式本质上是纯粹的归纳性的。

3. 数据驱动的认识论在于“坚持科学方法的原则，但更开放地使用溯因、归纳和演绎方法以及组合来促进对现象的理解。与传统的实验、演绎不同的是，它寻求从数据中产生假设和见解，而不是理论。换句话说，尽管归纳法的解释并不是它的终点，可它在研究设计中加入了归纳的模式。或者说，归纳不是凭空产生的，而是在一个高度进化的理论领域内被情境化和语境化的过程。因此，在数据驱动科学中采用的认识论策略是使用一种新的假设生成模式或指导知识发现的技术，来不断确定值得进一步检验和测试的潜在问题及其相关理论假设。①

关于大数据的认识模式，段伟文在《大数据知识发现的本体论追问》一文中指出，按照大数据主义的全样本承诺，实际上是在本体论上预设了“大数据集是等同于世界中的存在及其历时性过程的数据化

① Kitchin R.，“Big Data, New Epistemologies and Paradigm Shifts”, *Big Data & Society*, 2014, Vol. 1 (1), pp. 1－12.

表象”，[1]相当于认为大数据表征的世界就是与真实世界对应的平行世界。由于大数据的可实践性，这种本体论预设必须得到落实，因此他的建议是，“将作为世界的数据化表象的大数据集视为一种介于真实的世界现象与基于数据的知识发现之间的媒介性的存在。”[2]

“表象”具有双重意涵：其一是知识表征意义上的表象，其二是作为样貌意义上的表象。这两种表象不可分，即所谓二象性。因为大数据具有“全体事实（N = all）”的预设与承诺，这意味着“世间的全部知识”可以通过大数据特有的认识模式而得到发现；而表象的双重意义在实践层面上的实现，需要接受语境与局域性的限制。由此，一条从“现象—表征—样貌—知识”的认识路线图是可以实现的。第一，表征意义上的表象，其含义就是数据对现象的直接表示，因此全样本的（N = all）大数据的在特定的语境中可以被看作是事物的“全体事实”。第二，“全体事实”通过大数据以可计算的形式呈现出来，则形成样貌意义上表象。基于此，“世间的全部知识”——这种带有局域性质的知识——最终将得以呈现。[3]

数据，就是关于世界的“数据外貌”，这和人的身体与外貌是不可分的相类似。因此，段伟文指出：“理想的世界的数据化表象建立在物理世界与数据世界紧密交织的基础上。”[4]

从前述的“现象—表征—样貌—知识”的大数据认识路线图看，其呈现的知识具有双重地位。一方面，由于通过相应的算法对“样貌”的计算结果，我们无法从“现象”上得到充分的证据支持，因此这种结果不一定具有必然性。因此这种知识可以称为“非在”，意味着客观上并不必然存在，但它仍旧是有价值的，因为我们可以通过现象而进行溯因；另一方面，数据间的相关性是事物之间普遍联系性、关联性的数据表达，因此可以看作是确实存在的“实存”。这种实存可以反向影响到对现象的进一步追问。综上，段伟文认为大数据的相关性可以看成是

---

① 段伟文：《大数据知识发现的本体论追问》，《哲学研究》2015 年第 11 期。
② 段伟文：《大数据知识发现的本体论追问》，《哲学研究》2015 年第 11 期。
③ 段伟文：《大数据知识发现的本体论追问》，《哲学研究》2015 年第 11 期。
④ 段伟文：《大数据知识发现的本体论追问》，《哲学研究》2015 年第 11 期。

"非在的实存"。①

如同段伟文在论文中所指出的那样，这种关于大数据认识的路线图会受到一些质疑。比如所谓的"实存"与"非在"，仅仅是由于将"样貌"与"表象"作硬性区分的后果。对于这种质疑，作者在论文中作了相应的辩护。首先，在大数据的知识发现路径图中，"样貌—知识"过程与"现象—表征"过程并不同步；其次，通过对"实存"的相关性进行反推所得到的现象与数据现象也不一定完全相同。因此，人们试图通过大数据的相关性知识来揣测现象背后的本体，将可能造成本体的自我隐匿，甚至可能将我们引入一种神秘主义，如猜测在现象背后存在着一个掌握了一切关于存在的奥秘的"上帝之眼"的可能。②

所以段伟文指出，有关大数据知识的地位问题可以通过三种模式来解决。一是多元主义的视角，即使其作为一种多元的纠错机制而被认可；二是诠释学的视角，数据实际上类似于文本，对其本体的追问具有可解释的特点；三是能动者的视角，将大数据研究视为一种能动的认识过程，即将其视为复杂系统的自适应与自反馈过程；在这一过程中，人与大数据形成了一种调节机制，从而可以通过自我调整行为而实现与世界的某种均衡。

基于两种大数据的存在以及对大数据认识论的争论，我们可以认为单纯的"数据驱动"的科学是不可能的，因为即使是对第二种大数据来说，除了需要理论外还需要算法。因为数据不可能自己说话，须要用特定的算法才能使其说话。所以大数据的主要认识论问题就是范式问题和经验主义问题。但是这二者之间都存在一个基本前提，即数据能否客观反映客观世界，这既是一个本体论问题也是一个认识论问题。下面我们先讨论范式问题，然后在第四章中再讨论经验主义的问题。

---

① 段伟文：《大数据知识发现的本体论追问》，《哲学研究》2015 年第 11 期。

② 段伟文：《大数据知识发现的本体论追问》，《哲学研究》2015 年第 11 期。

五 大数据与“第四范式”

追溯“第四范式”这一术语的起源，其最初是由微软研究院的吉姆·格雷提出的。2007 年 1 月，作为计算机领域最高奖项——图灵奖的获得者，格雷在加州山景城召开的计算机科学与电信委员会会议上指出：“科学世界发生了变化，对此毫无疑问。新的研究方式是通过仪器捕获数据或通过计算机模拟生成数据，然后用软件进行处理，并且将所得到的信息或知识存储在计算机中。科学家们只是在这个系列过程中的最后阶段才开始审视他们的数据。这种‘数据密集型’科学的技术和方法是如此不同，因此值得将其与计算科学区分开来，作为科学探索的新的第四范式。”① 之所以称之为“第四范式”，是因为这种范式区别于经验、理论和计算机模拟。也就是说，在科学研究中最初只有实验科学，接着是理论科学，然后又出现了计算机模拟。而随着模拟方法以及实验科学中海量数据的出现，“数据密集型”科学研究范式即“第四范式”应运而生。

“第四范式”的观点在推广过程中，被逐渐移植到大数据领域，并且众多研究者将“第四范式”等同于大数据的研究范式。如前所述，“第四范式”的提出有其特殊的背景和目的——数据密集型研究的出现。如果将大数据的研究范式等同于数据密集型的“第四范式”，逻辑上来说必须要澄清或者证明几个问题：（1）证明“大数据”与“数据密集型”具有相同的语义和指称；（2）“数据密集型”的研究方法能不能看作是托马斯·库恩（Thomas S. Kuhn）意义上的“范式”？（3）如果证明（2）是成立的，则需要论证经验、理论、计算机模拟这三种范式是否客观存在？如果存在，它们能否与“数据密集型”的范式并列，从而形成“第四范式”的理论。②

---

① Kristin M. T. , Stenwrart D. , Tansley W. , et al. “The Fourth Paradigm: Data - Intensive Science Scientific Discovery”, *Proceedings of The IEEE.* 2011, Vol. 99, pp. 1334 - 1337.

② 董春雨、薛永红：《数据密集型、大数据与“第四范式”》，《自然辩证法研究》2017 年第 5 期。

（一）"数据密集型"与"大数据"

1. "数据密集型"的起源

从历史上看，"数据密集型（Data Intensive）"这一词汇来自于"数据密集型计算（Data Intensive Computing）"。20 世纪 80 年代以后，随着计算机模拟技术在科学中被广泛应用，海量的数据迫使科学家想尽一切办法对数据进行计算与处理，数据密集型研究因此应运而生。检索关于"数据密集型计算"的相关文献可以看出，"数据密集型计算"涵盖数据获取、数据管理、数据分析以及对数据处理结果的解释。[①] 并且，学界对"数据密集型计算"已经形成了较为严格和统一的界定："以数据为中心，系统负责获取维护持续改变的数据集，同时在这些数据上进行大规模的计算和处理。通过网络建立大规模计算机系统，使现有的数据并行，关注对于快速的数据的存储、访问、高效编程、便捷式访问以及灵活的可靠性等。它不是根据已知的规则编写程序解决问题，而是去分析数据，从数据洪流中寻找问题的答案和洞察。"[②]

格雷提出这一概念的语境，是信息技术与科学家相遇催生了 eScience——各门科学研究者通过不同的方法收集到了数据，如传感器、CCD、超级计算机、粒子对撞机等，如何处理这些数据就变成了各门学科所面临的亟须解决的问题。[③] 对于数据密集型科学范式的提出的异议，格雷有过清晰的分析。他认为，在信息技术用于科学研究的早期，科学家虽然根据自己研究的问题对数据也做了相应的处理，但是这类方法的问题在于：第一，缺乏普适性，因此不能普及或推广。原因是存在学科障碍以及研究目的的异同性。第二，不经济。因为最初的数据处理的软件的开发，往往需要动用成百上千人来写代码，成本非常高，即便

---

① Gordon M. , Wardener H. E. , et al. "An Interactive Graphic Database Microcomputer for Clinical Control in Data Intensive Therapies", *Proceedings of the European Dialysis & Transplant Association European Dialysis & Transplant Association*, 1981, Vol. 18 (6), pp. 690 – 696.

② Bryant R. E. , "Data – Intensive Supercomputing: The Case for DISC", *Pdl. cmu. edu*, 2007, Vol. 10, pp. 1 – 20.

③ Hey T. , Tansley S. , Tolle K. , et al. "Jim Gray on eScience: A Transformed Scientific Method", In Hey T. (Eds.) *Microsoft Research*, 2009, pp. xvii – xxxi.

是对于小规模的数据处理软件的设计以及数据分析，科学家所投入的精力要比获得这些数据的精力多得多。第三，数据浪费。科学家化巨大的精力所收集到的数据，既不能被共享，也不能被重复使用。因为发表论文时并不需要发表所有的数据，发表的数据也只是所有数据的“冰山一角”，这是其一；其二，科学家也缺乏对数据存储和管理的意识和能力。也正是为了解决这一现状，格雷才提出关于建立“数据密集型”研究的范式——“第四范式”——以及格雷法则。其核心目的是“创建一系列通用的工具以支持数据采集、验证、管理分析和长期保存等整个流程。”① 格雷在 NRC - CSTB 会议上，向政府和相关机构提出倡议，希望他们能够资助科研人员开发采集、管理和分析数据的工具以及用于数据发布和交流的平台；还倡导政府要建立与传统的图书馆一样众多和强大的数据化图书馆。此后，随着数据处理技术的进一步发展，基于数据密集型的学科都随之产生并获得迅速发展，如计算物理学、计算生物学等。目前，数据密集型研究已经有了明确的目的、内容与任务，意味着其正向一门成熟的学科方向发展。比如，美国劳伦斯伯克利国家实验室（Lawrence Berkeley National Laboratory）的科学家 William Johnston 于 1998 年就已经为数据密集型科学作了具体的规定，即这门学科由采集、管理和分析三个活动组成，学科的目的和任务是将最前沿的技术、方法应用于对大量、高速的数据的管理、分析以及理解。②

2. “大数据”溯源

从能检索到的最早的学术文献来看，“大数据（Big Data）”一词最早出现在 20 世纪 90 年代 John Mashey 的一次学术报告中。当时，John Mashey 还是美国硅图公司（SGI）的首席科学家。他在有关“大数据浪潮”的报告中首先使用了“大数据”一词，并且认为大数据将推起有

① Hey T. , Tansley S. , Tolle K. , et al:《第四范式：数据密集型科学发现》，潘教峰、张晓林译，科学出版社 2013 年版，第 v 页。

② Johnston W. E. , *High - speed, Wide Area, Data Intensive Computing: A Ten Year Retrospective*, International Symposium on High Performance Distributed Computing. IEEE, 1998. pp. 280 - 291.

关数据的基础设施变革的新浪潮。[1] 如第一章所述，经过《自然》和《科学》杂志对“大数据”的讨论，以及舍恩伯格的《大数据时代》的出版和畅销，“大数据”一发不可收拾，不光成为学界研究的热点之一，而且成为社会各界广泛讨论和广泛使用的最热词汇之一。

第一章我们对大数据的概念已经做过深入分析，在此不再赘述。但是在这里我们需要强调的是，虽然对“大数据”缺乏统一的界定，但如我们所分析的，大数据必然具备三个层面的含义：（1）样貌层面；（2）技术层面；（3）思维方式与观念层面。在样貌层面，它具有体量大、维度多和速度快的三个基本属性；在技术层面，则要求大数据要满足完备性和自动化特征。此外，大数据更多地代表一种观念和思维方式，是人类认识和理解事物包括理解人类自身的一种全新的观念和思维方式。三个层次作为一个整体，成就了大数据洞察世界、认识世界、形成制式的全新方式。

大数据业已改变着人类的生活、工作和思维方式。[2] 从最基本的意义上讲，大数据可以被认为就是一种思维方式、一种世界观，已经引发了时代转型与变革的浪潮；大数据所形成的知识系统，不但改变了知识的对象，还可能改变或正改变我们对人类、社会以及自然的理解。因为大数据已经使人们的思想和研究方式发生了计算转向，因此它不仅仅只是大规模的数据集本身，不仅仅是对这些大数据进行操作和处理的工具和程序。[3] 此外，在数据由小变大的过程中，数据的本质已经发生了质的变化，事物之间的千丝万缕的联系将在数据量变的过程中突现，进而引出了一个关于隐私、伦理的问题。首先，由于数据的易获得性、算法驱动以及相关性分析的自动化程度等，使得数据作为一种重要的资源，被适时抓取、分析并且被用于各种目的。因此个人隐私、传统伦理都遭到了前所未有的威胁与挑战。2016 年 12 月，媒体所曝光的“记者用

① Mashey J. R. , *Big Data and the Next Wave of InfraStress*, http://static. usenix. org/events/usenix99/invited_ talks/mashey. pdf.

② ［英］维克托·迈尔－舍恩伯格、肯尼思·库克耶：《大数据时代》，盛杨燕、周涛译，浙江人民出版社 2013 年版，第 1—9 页。

③ Boyd D. , Crawford K. , “Critical Questions for Big Data”, *Information Communication & Society*, 2012, Vol. 15 (5), pp. 662 - 679.

700元买到同事的开房记录、名下资产、乘坐航班，甚至网吧上网记录信息等”的消息①，揭露出国内存在一些以出售个人数据为业务的公司。在这些公司里，只要你付钱就可以买到你想要的个人数据，甚至连四大银行存款记录、手机实时定位、手机通话记录都能买到。更让人担心的是，有第三方软件为这样的服务提供担保，整个交易已跃升到了“平台化”的地步。②

显然，数字化生活已经是一种必然的生活方式，而且一代比一代更为数字化。当人们在享受这种生活方式（如浏览互联网、使用通讯设备、应运软件等）的同时，自身又不可避免地曝光于“第三只眼”之下。对于人类，遗忘是常态，记忆是例外，而对于大数据技术却相反：遗忘是例外，记忆是常态。这种由技术造成的数据的难以删除性，以及大数据本身的特征如多维性、关联性、自动化等特征，使得一个稍微经过训练的技术人员通过相应的算法和软件，就可以将离散的个人数据进行关联，从而形成个体的数据化“全息图”，使个人隐私无处遁形。

综合以上的讨论，我们可以将“数据密集型”与“大数据”之间的异同可以概括为以下几个方面：

第一，从时间上来说，“数据密集型”这一词汇的出现要先于“大数据”。我们对关于数据密集型和大数据所做的文献计量学研究③结果（图2—7、图2—8）也应证了这一点。图2—7中可以看出，数据库中与“数据密集型”相关的文献要早于与“大数据”相关的文献，中文

① “700元买同事全套信息”，“逆天”的节奏!，http：//right. workercn. cn/156/201612/14/161214071749639. shtml.

② 董春雨、薛永红：《大数据时代个性化知识的认识论价值》，《哲学动态》2018年第1期。

③ 图2—7是在中国期刊网和EBSCO两大检索系统中，对分别以“大数据”和“Big－Data”作为“主题”or“关键词”的搜索结果的比较；图2—8是对分别以“数据密集型”和“Data－Intensive”作为“主题”or“关键词”的搜索结果的比较。数据更新时间为2018年10月31日。EBSCO是一个具有60多年历史的大型文献服务专业公司，提供期刊、文献定购及出版等服务，总部在美国。其中两个主要全文数据库是：*Academic Search Premier* 和 *Business Source Premier*。其中 *Academic Search Premier* 总收录期刊7，699种。主要涉及工商、经济、信息技术、人文科学、社会科学、通讯传播、教育、艺术、文学、医药、通用科学等多个领域。

文献与外文文献都是如此。

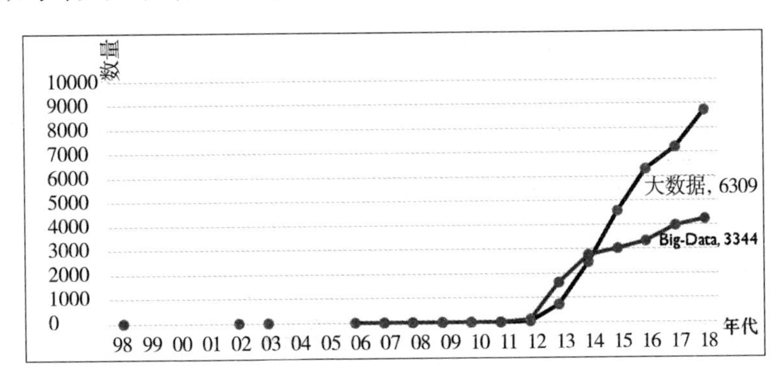

图 2—7

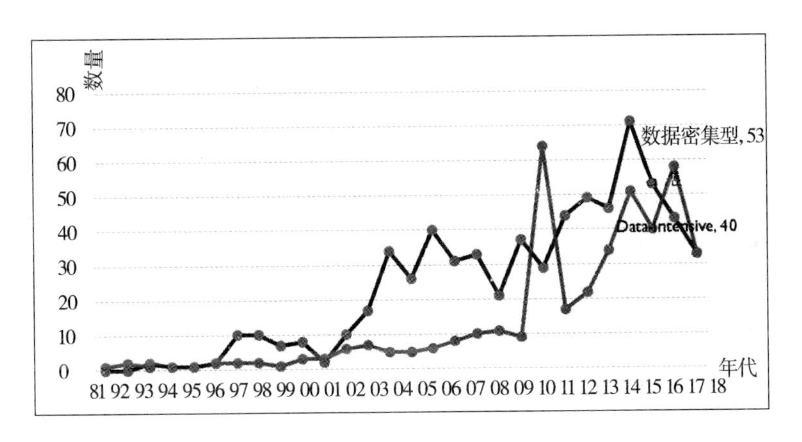

图 2—8

第二，与“数据密集型”相关的研究相对以一种较为持续和稳定的方式推进。并且逐渐形成了一门完善的、新的科学，有具体的目标、内容与任务。“大数据”则是横空出世，突然之间就成为各领域研究的热点，并且以非常迅猛的势头发展。尽管如此，但对大数据的认识和研究还没有像数据密集型一样达到“百川归海”的程度，并且距离形成一门新的科学，有明确的目标、内容以及任务地步还很远。

第三，信息技术与各门学科研究相结合生成了海量数据，“数据密集型”研究应用而生。因此，“数据密集型”研究是信息技术与科学耦合的产物，是科学家在面对科学研究中出现大规模数据集时的一种源于经验、并在实践中不断得到抽象与提升的数据处理方式与方法。在这套方法的体系中，涉及数据量的大小、数据的产生速度、对数据的分析和处理的方式与方法、数据的技术设备和物质基础等。而对于“大数据”，如前所述，它包括了三个层次的内容，它不仅仅涉及数据的量的大小、速度等，也涉及数据的基础设施，更为关键的在于大数据还代表了一种全新的观念和思维方式。

第四，“数据密集型”的研究方式被迁移到各类大数据问题中，比如对互联网数据、商业数据、医疗数据、行为数据的分析和处理等方面，取得了传统方法无法企及的效果。但尽管如此，对大数据来说，“数据密集型”的方式、方法并不是唯一的。许多大数据案例，并不属于“数据密集型”的范畴。而对于大数据本身，它的发展本质上还需要期待数据科学发展出新的理论与方法（如全样本的统计理论）以及复杂性科学的全面进展，这并不是“数据密集型”科学能够解决的。

综上所述，“大数据”与“数据密集型”具有不同的语义，而且指称的对象不完全同一。二者虽然有联系，但是也存在本质的差别。因此，不能将“数据密集型”与“大数据”等同。

下面我们将要澄清的问题是，“数据密集型”的研究方法能不能看作库恩意义上的“范式”？

（二）方法还是范式？

针对“第四范式”的问题，德国慕尼黑大学科学技术研究中心的沃尔夫冈认为，将“数据密集型”研究方式作为“范式”，从哲学上讲将会产生误导。按照严格的范式理论，“数据密集型”研究绝不是库恩意义上的范式。它只是新出现的一种科学方法论而已，况且也不可能像范式一样，发生新、旧范式之间的革命性的转换。此外，将“数据密集型”研究置于与计算机模拟、理论研究、实验研究相同的水平，也可以认为是一种过度的简化。[①] 与沃尔夫冈的观点相似，美国亚利桑那

① Pietsch W.，“The Causal Nature of Modeling with Big Data”，*Philosophy & Technology*，2016，29（2），pp. 1 – 35.

大学的 Martin Frické 也认为，大数据技术使数据的收集便捷又便宜，这对于科学研究是非常有好处的，因为用大样本的数据对理论进行测试要比小样本的数据效果更好；加上大数据的实时性，这种对理论的测试可以持续地进行。但是尽管有这么多好处，可“第四范式”的提法却不切实际，因为问题、理论以及实验对科学来说是最为重要的，科学研究需要的是更多的理论，而不是更多的数据。①

要分析以上的判断是否合理，我们需要进入库恩的范式理论，从而做出判断。

1. 何为范式？

按照逻辑经验主义和证伪主义理论，观察是证实或证伪理论的标准。然而随着汉森提出的观察渗透的思想，观察并不是绝对中立的，而是渗透着理论的。因为观察的行为和结果受观察者知识背景的影响。自此，人们陷入了如何对待经验的困境。波普尔提出的证伪主义的科学发展模式，由于强调证伪和批判的精神，客观上将科学置于一种非常危险的境地。因为科学一旦被证伪，就意味着人们应该放弃它，科学因而变得非常脆弱。美国科学哲学家库恩从对科学史的研究入手，对累积主义的科学发展模式提出了质疑，他认为：“科学并非是通过个别发现和发明的积累而发展的。”② 库恩在《科学革命的结构》一书中系统论述了科学知识的增长的新的模式，其理论的核心点就在于“范式（Paradigm）”。

库恩认为科学的发展是有模式的，即科学是按照从“前科学——常规科学——科学革命——新常规科学”路径而演化的，表征每一阶段的核心就是“范式”。科学的发展过程就是“范式”的形成与新、旧范式转换的具有间断性的过程。“范式”虽然是库恩的科学革命理论的核心概念，但是库恩对“范式”这一概念并没有给出一个确定的清晰的界定，他自己在书中从多种意义上使用了“范式”这一概念，

① Frické M.，“Big Data and Its Epistemology”，*Journal of the Association for Information Science & Technology*，2015，Vol. 66（4），pp. 651 - 661.

② ［美］托马斯·库恩：《科学革命的结构》，金吾伦、胡新和译，北京大学出版社2003年版，第2页。

语义也比较模糊。英国学者玛格丽特·马斯特曼（Margaret Masterman）曾分析了库恩在《科学革命的结构》中所使用的“范式”概念的含义，发现这一概念有21种不同的用法。她对这21种用法作了分类，并提出了“范式”具有三个层面，分别是形而上学范式、社会学规范式和人工范式。形而上学的范式就是元范式，是科学家所拥有的世界观和方法论，包括一组“共同约定的信念”，一个新的观察方式等，它可以为科学研究提供本体论模型。社会学范式是刻画科学家社会行为的术语，包括被普遍承认的科学成就，一套公认的评价理论、概念等。人工范式就是指科学家在学习过程中所被动接受的一些人为创造的东西，象科学符号和语言、一些供科学工具、仪器以及带有解说色彩的类比等。[①]

按照马斯特曼对范式的分类，任何一个大的科学理论都可以成为一个范式，如牛顿理论。牛顿理论所蕴含的绝对的时空观以及隐含的机械决定论将作为一种信念和信仰，成为形而上学的范式；其理论形式的简单性、定律的有效性属于社会学范式；而牛顿理论所使用的特定的科学语言、方法、仪器和工具则属于人工范式。可以看出，范式的每一个层面都必然渗入一系列的非理性的因素，这就使理性的科学具有了非理性的主观性的特征。

此外，“不可通约性（Incommensurability）”也是库恩理论中的重要概念，它和“范式”一样，语义也是含混的。“不可通约性”主要用来说明范式与范式之间存在的不可逾越的鸿沟和差别。虽然库恩在《结构》一书之后，对这一概念的含义进行了修正，承认新旧范式之间存在着一种继承与发展的辩证关系，但是在总体上还是坚持新旧范式之间存在着本质的区别。[②] 正因为范式之间的不可通约性以及范式所具有的形而上学的意义，当科学中的范式发生转换时，必将是新范式推翻旧范式的一种革命性的行为。

以上我们基本梳理清楚了“范式”的背景和含义。基于此，我们

---

① ［美］托马斯·库恩：《科学革命的结构》，金吾伦、胡新和译，北京大学出版社2003年版，第96页。

② 邱仁宗：《科学方法和科学动力学》，高等教育出版社2007年版，第196页。

再来分析“数据密集型”研究本身是不是一种“范式”。第一，“数据密集型”研究仅仅是一种新出现的研究方式和方法或者方法论，是人们在实践中获得的对海量数据的存储、处理、分析的方式、方法，这种方法既是来自实验、理论与计算机模拟，同时也是对这些方法的综合与发展。格雷就认为“数据密集型”研究是对经验、理论、计算机模拟方法的统一。而对范式来说，方法只是范式中的一个层面或者一个元素，同一范式中可以有不同的方式和方法。库恩的范式是当科学的主导模式即“旧范式”不能解决反常现象且反常越来越多时，客观上就需要建立一种——既能解决旧范式下的问题，又能解决反常问题——“新范式”。格雷的“第四范式”则是建立在数据量形式（量、类、速度等）的变化和新的分析方式的发展之上的。”[①]第二，作为一种研究事物的方式和方法，即便能被称作“范式”，也不能就将它看成是大数据研究中的唯一的数据研究方法，从而将“第四范式”等同于大数据的研究方式。因为“数据密集型”的研究方式，只是处理大数据的一种可行和有效的方式。比如小数据中常用的方法如清洗、分类、统计、回归分析等，在大数据研究中经常被使用。而且许多研究大数据的常用算法，都是从小数据的算法中迁移过来的，如聚类、随机森林、朴素贝叶斯等。第三，在库恩看来，当主导科学研究的范式不能解决的现象越来越多时，即大量的反常出现时，新的、可能的主导范式将有可能取代旧的主导范式，即发生范式革命。而“数据密集型”是一种建立在数据收集、存储方式的进步和新的分析方式的发展之上的方法论，其直接目的在于“创建一系列通用的工具以支持数据采集、验证、管理分析和长期保存等整个流程”。因此，并不存在范式的革命的问题。第四，“数据密集型”研究方式作为一种新的方法论，已经成功地了构造起了一门新科学——“数据密集型”科学。作为一种方法论，其价值在于可以作为一种外部力量，推动各门科学发生新旧范式的转换。格雷所预判的各门科学从 COMP－X 向 X－info 的转变，本质上就是方法论所推

① 董春雨、薛永红：《数据密集型、大数据与“第四范式”》，《自然辩证法研究》2017 年第 5 期。

动的研究范式的改变，如从计算物理转向物理信息、从计算生态学转向信息生态学等。

总之，“范式”在哲学上具有非常丰富甚至于模糊的含义，而“数据密集型”只是关注与一种新的方法论的出现，因此将“数据密集型”研究作为一种特定的“范式”来讲是极不严谨的。

2. 存在前三种范式吗？

既然“数据密集型”研究不具有库恩的范式的意义，从逻辑上来讲就不应该与前三种范式（如果存在前三种范式的情况下）并列。因为，这是一种极度的简化的分类方法。那么，科学史、科学哲学中存在关于实验、理论以及计算机模拟三种并列的“范式”吗？答案是否定的。也就是科学史和科学哲学中从来没有这种基于范式的分类方式。其实，更为准确的分类应该是实证主义和计算主义两类，实验、理论研究可以归结为实证主义范畴，而计算机模拟和数据密集型研究可以归为计算主义范畴。历史地看，它只是代表了科学发展的一个阶段：科学在发展历程中，先后经历了经验科学、理论科学和计算机模拟三个重要的阶段，而信息技术的出现及其与科学的深度融合发展，又使得科学从计算机模拟阶段向“数据密集型”阶段过渡。大数据技术的出现，进一步推动了这一转变的发生和发展。

3. 大数据：作为科学的新范式

仅从库恩意义上的“范式”，尤其是马斯特曼对“范式”三个层面的意义的揭示来看，“大数据”更满足作为一种新“范式”的资格。第一，从我们第一章对大数据的归纳分析和得到的结论来看，“大数据”具备“范式”在三个层次的意义：首先，在形而上学的面，大数据使毕达哥拉斯的“万物皆数”的思想得到了复兴，因此，大数据所具有的万物皆可数据化、万物皆可计算的思想是形而上学层面的范式的体现。其次，在社会学层面，虽然对大数据没有统一的认识，但它却被成功地应用于各个方面，并且形成了许多被普遍认可的成就，如大数据对流感的预测、对人类数感的研究，尤其是基于大数据的AlphaGo的出现等。再次，被广泛用于刻画大数据特征的“3V”即Volume、Variety、Velocity已经深入人心，此外还有大数据平台，如

Hadoop、storm、spark 以及各机构的所构建的大数据云存储和与计算平台，如阿里云、百度云等，即为人造的范式。因此从这个意义上，大数据非常有希望成为一种新的而且是库恩意义上的范式。第二，在库恩的理论中，"科学共同体"常常与"范式"一词混用，因为在库恩看来"科学共同体"在逻辑上和范式有着非常密切的联系："范式"在实际上指的也只是那些被"科学共同体"的成员所坚持的和共有的东西。[①] 从大数据的发展势头来看，研究大数据的科学共同体已经初现端倪，凯特·克劳福德（Kate Crawford）曾指出："大数据这种新技术的出现，使得包括人文社会科学的学者、经营者、政府人员、教育从业人员以及其他具有高度积极性的人员能够对数据进行生成、处理和共享，因此，它已经不再是精算师和科学家独有的领域。"[②] 可以看出，大数据的出现使得一个涉及广泛领域和众多成员的科学共同体形成了。托尼·伊赫（Tony Hey）更直接地指出，这个共同体的成员包括"信息学家、计算机科学家、数据库和软件工程师或程序员、学科专家、数据管理者、数据标引专家、图书馆学家、档案学家等一系列对数据资源的成功管理起着关键作用的人们。"[③] 第三，由于新旧"范式"之间具有不可通约性、不可比性的特征，新"范式"必然是因为旧"范式"遇到的无法解决的反常的事例太多而孕育、产生的，如用牛顿的范式不能很好地解释迈克尔逊·莫雷实验的所显示的以太漂移为零的现象等，因此需要一种——既能解决牛顿理论能够解决的问题，也能解决牛顿理论所不能解决的问题——新的范式。爱因斯坦提出的相对论便是这样一种相对于牛顿范式的新的范式。大数据作为一种新范式出现，必然是因为在它产生之前的研究范式遇到了难以克服的困难才逐渐发展和确立起来的。很显然，与大数据所对应的旧范式正是小数据的范式。

---

① ［美］托马斯·库恩：《科学革命的结构》，金吾伦、胡新和译，北京大学出版社 2003 年版，第 159 页。

② Boyd D., Crawford K., "Six Provocations for Big Data", *Social Science Electronic Publishing*, 2011, Vol. 123 (1), pp. 1–17.

③ Hey T., Tansley S., et al:《第四范式：数据密集型科学发现》，潘教峰、张晓林译，科学出版社 2013 年版，第 iv 页。

“小数据（Small Data）”泛指用当下技术和方法完全可以应付的数据；而狭义上的“小数据”特指“抽样数据”，即这种数据主要是通过随机采样的方式获得的。其方法论逻辑是通过最少的数据获得最多的信息，用少量的代表性样本来说明系统整体性的行为。小数据方法随着经典统计学的成熟在近代获得巨大成功，成为在不用收集和分析对象全部数据的情况下研究事物行为的一条可靠途径。“在过去的几个世纪中，使用小数据研究，学术知识的建立已经取得了很多进展，其特征在于为了回答具体问题而生成的抽样数据。这是一个非常成功的研究策略，它使科学、社会科学和人文科学实现了跨越式发展。”① 但是小数据方法存在天然的缺陷，比如小数据分析的准确性紧紧依赖于对样本的选取，对样本数据的筛查、采样过程需要严密地安排和执行。此外，小数据方法不适合对子类或细节的考察等。小数据具有库恩“范式”的三个层次的含义吗？答案是肯定的。小数据在形而上学上的意义在于用“少量代替总体，个别说明全部”以及“驯服偶然”的信念和追求；而经典的数理统计学、概率模型以及相关的规律和方法正是社会学意义上的范式；小数据中已经形成的统一的符号、预言、算符、算法等，这正是人工范式的内容。与其他的范式、理论一样，小数据作为一种范式，必然存在自身的边界与局限性，因为它的出现本来就是一种妥协、无奈的产物——过去人们很难收集到关于研究对象的全部数据，所以只能抽取一些样本数据作为代表，造成了在认识论上存在许多天然缺陷。比如，最主要的缺点在于它只能研究集合的整体，而不能研究集合中的元素或子类。② 随着信息技术的出现，科学中需要处理的数据指数性地增长，当面对突然出现的海量数据时，小数据方法首先就很难应对这种局面。此外，如果不得已采用了小数据的方式，那么由此带来的误差将非常大。当然，还有一个最为关键的问题是，在科学研究领域数据就是基本材料和资

---

① Kitchin R., Lauriault T. P., “Small Data in the Era of Big Data”, *Geojournal*, 2015, Vol. 80 (4), pp. 463 - 475.

② ［英］维克托·迈尔 - 舍恩伯格、肯尼思·库克耶：《大数据时代》，盛杨燕、周涛译，浙江人民出版社 2013 年版，第 34—35 页。

源，而且其中蕴含着重要的规律。因此不改变旧有的研究范式必然会造成数据的浪费，人们也难以发现其中的规律。于是，基于“全样本”的数据范式就成为一种可替代的范式。

从目前的大数据实践中我们已经看到，大数据在小数据的方法无法解决的问题上显示出了极大的优势。尤其是对于复杂问题，大数据方案获得了突出的成就，如基于大数据的机器翻译、AlphaGo 围棋智能系统以及无人驾驶、自动化诊断技术、精确医疗等。可以说，在大数据这一新范式出现之前，“由于因果机制以及因果结构非常复杂，具有复杂性特征的现象极难处理，因为缺乏有效的方法生成和处理大量、多维、实时的数据。面对这些问题，常规的处理方式是采用具有可疑性质的简化、抽象以及近似……，现在表明，大数据对于处理这些复杂的科学问题具有以前的方法不能比拟的优势。”① 正因如此，沃尔夫冈认为，大数据将会带动一门新科学的飞速发展，这门科学就是关于复杂性的科学。在未来，大数据的相关方法将不断扩展复杂科学知识，从而将从根本上推动复杂性科学进入一个全新的时代。②

尽管如此，我们需要强调以下几点：第一，迄今为止的大数据研究范式并没有彻底解决统计学中的一些基本困难。如大数据仍然不能解决数据的样本偏差和样本误差问题，谷歌基于大数据的第二次流感预测、2016 年对美国大选的相关预测的失败就是明证。其实从范式的角度来看，出现这些问题是非常正常的。按照库恩所言，新范式在刚刚建立之时，由于范围和精确性等原因，遇到的反常现象非常多。这就需要科学共同体对范式进行修正，使其更为精确。③ 第二，由于库恩的新范式对旧范式的替代的理论有其局限性，并且不符合科学史实。因此，可以接受的方案是新旧范式将长期共存。因此，大数据的出现并不意味着小数据就无用武之地，小数据自有小数据的用处。所以，“未来，范式革命

---

① Pietsch W.，“The Causal Nature of Modeling with Big Data”，*Philosophy & Technology*，2016，Vol. 29（2），pp. 1 – 35.

② Pietsch W.，*Big Data—The New Science of Complexity*，http：//www. wolfgangpietsch. de/pietsch – bigdata_ complexity. pdf.

③ ［美］托马斯·库恩：《科学革命的结构》，金吾伦、胡新和译，北京大学出版社 2003 年版，第 21 页。

的现象未必能出现，因为大数据绝不能完全取代小数据，二者只能互相补充。”① 而且，“从长远看，大数据不仅不会取代小数据，而且必须依靠小数据才能发展。”②

(三)“范式”的使用及其影响

理论研究中对相关概念的借用与移植非常常见，这也是一种非常有价值的研究方法。但对于将“范式”等同于一种研究方法，或者一门新学科的问题需要谨慎对待。我们认为，这种将“数据密集型”研究方式看作“范式”，除了存在以上我们所论述的矛盾以及带来的误导外，还有另外两个可能存在的问题：

第一个方面的问题是，库恩是基于科学发展的历史，提出了以“范式”为基础的科学发展的逻辑线索，揭示了科学发展的累积性与间断性的辩证关系。而“数据密集型”研究是信息技术与科学研究相互结合相互渗透的必然产物，且已经朝着一门新学科的方向发展：有自己确定的研究目的、任务和方法，并且存在学科的边界或者存在特定的长处与不足。而一门“学科”，无论在从内涵与外延上，都与“范式”有极大的不同。数据密集型研究在各门科学中获得了极大的进展，并且作为一种外力将推动各学科的范式转换。从这种意义上来说，用“范式”来替代“数据密集型”研究之说，在一定程度上有助于人们认清新旧方法之间的复杂关系，但也有可能会缩小这一研究的作用和价值。

第二个方面的问题是，“数据密集型”研究是处理大数据的一种有效的方式，但“数据密集型”研究并不天然地排斥经验研究、理论研究以及计算机模拟等。格雷本人也承认，数据密集型研究“将经验、理论、计算机模拟统一起来。”③ 因为，大规模的密集型数据并没有清

① Kitchin R., Lauriault T. P., “Small Data in the Era of Big Data”, *GeoJournal*, 2015, Vol. 80 (4), pp. 463 – 475.

② 唐文芳：《大数据与小数据：社会科学研究方法的探讨》，《中山大学学报》（社会科学版）2015 年第 6 期。

③ Hey T., Tansley S., Tolle K., et al. “Jim Gray on eScience: A Transformed Scientific Method”, In Hey T. (Eds.) *Microsoft Research*, 2009, pp. xvii – xxxi.

除经验事实，数据的量只是增加了我们在处理和交流经验与理论事实与理论的方法和社会习惯的负担，增加了模拟的复杂性的负担，增加了对揭示、传递和集成知识的方法的负担。[①] 因此，将“数据密集型”研究与经验的、理论、计算机模拟并列，是对“数据密集型”研究的作用与价值的过度放大。如果将库恩“范式”理论的一些争议忽略，从最一般的理论与实践意义上来分析，将为大数据赋予两个层面的价值。

第一是认识论价值。库恩认为，要学习和掌握一种科学范式最有效方法是学习“范例”。通过“范例”，学习者就能掌握科学共同体中的符号、语言、规则、规律、工作方法、技术、工具以及价值观，从而有可能成为范式的追随者。在大数据研究中，已经有许多成功的研究案例，如谷歌流感预测、人类数感研究、AlphaGo 等，这些案例都是大数据范式下的经典的“范例”，并且“范例”的数量将不断地扩展。很显然，学习者通过学习和模仿这些“范例”，从而获得新的经验，并且迁移到解决新的问题当中去。[②] “通过对‘范例’的学习，才能掌握范式，掌握了范式，就能对一定刺激产生出共有范式的共同体的反应、感觉、知觉、认识来。”[③] 因此，通过对大数据经典案例的学习，可以为不同学科的研究者提供解决问题的思路。

第二是纲领性价值。由于新范式在形成之初比较粗糙、不成熟，尤其是其应用的范围和精度非常有限，所以新范式刚形成的时候，将不可避免地处在“反常”的海洋中。但是之所以能成为“范式”，说明它具有天然的独特性与优势，尤其是相对于旧范式来说。这些独特性和优势可以为解决反常问题提供新的基础和途径，这一点能被科学共同体的科学家所认可。因此，“范式”在实践上的价值就是可以将科学家聚合在一起，并对他们的工作方向进行聚焦和定向，从而使科学家集中精力深入地解决疑难问题——这就是所谓的纲领性意义。正是范式具有这种作用，才使范式具备了信仰一般的力量，将共同体的成员牢固地聚合在一

---

① Hey T. , Tansley S. , et al：《第四范式：数据密集型科学发现》，潘教峰、张晓林译，科学出版社 2013 年版，第 216 页。

② 邱仁宗：《科学方法和科学动力学》，高等教育出版社 2007 年版，第 44 页。

③ 邱仁宗：《科学方法和科学动力学》，高等教育出版社 2007 年版，第 90 页。

起，使科学研究成为一种高度自觉的行为。科学共同体在这种“纲领”的引领下，集中解决范式所面临的问题，也叫做“解难题”活动，而精确的解难题活动不仅可以提高范式的精确性，拓展范式的边界等，甚至可以对范式本身进行调整。总之，随着社会向数据化方向的迈进，人类所面临的数据会越来越多，并且越来越有价值和用处。[①] 如何从大数据这种“矿藏”资源中，找出“金子”，也就是弗洛里迪所讲的大数据中的“小模式”，还有待于作为纲领的大数据这种新的范式的真正的确立、发展和引领。

---

① Borgman C. L. , *Big Data*, *Little Data*, *No Data*: *Scholarship in the Networked World*. The MIT Press, 2014, p. 5.

第三章　保罗·汉弗莱斯的大数据认识论

保罗·汉弗莱斯（Paul Humphreys）是国际知名的科学哲学家，任美国弗吉尼亚大学哲学系教授，主要研究领域是突现问题以及计算机科学哲学问题。本章之所以选择汉弗莱斯为研究对象有三方面的原因：第一，从目前所能搜索到的文献来看，汉弗莱斯是唯一从哲学角度对大数据认识论问题做了较为深入而系统研究的哲学家；第二，追溯他在大数据哲学研究上的思想来源，与其在计算科学哲学的观点一脉相承；第三，大数据认识论问题的核心是机器在认识中的地位及其影响的问题，而汉弗莱斯计算机哲学思想的核心包括了计算机所带来的不透明性问题等。他在关于大数据的哲学研究中，以计算科学哲学为基础，构建了较为系统的大数据的认识论，这对于我们认识大数据方法的本质以及如何运用大数据方法去认识世界等极具启发意义。

一　对计算科学的哲学研究

计算机，这种作为对人类思维延伸的机器，自出现以来就被广泛地应用于科学研究之中。经过短短几十年的发展，已经建立起了一门关于计算机参与科学研究的新的科学——计算科学（Computational Science）计算方法也已经成为现代科学的核心研究方法。

（一）计算科学的地位

布拉迪斯大学的物理学家、哲学家西尔万·施韦伯尔（Sylvain Schweberhas）认为，计算科学的出现是一场科学革命，但这场革命不是“库恩式革命（Kuhnian Revolutions）”，而是一场“哈金式革命（Hacking Revolutions）”。汉弗莱斯认为，施韦伯尔对计算科学的整体判断是准确的，但是在细节上没有抓住计算科学的特殊之处。只有准确把握了这些特殊之处，才能给计算科学的作用与地位做出准确的判定，才能阐明计算机进入科学而引起的科学革命并不是“库恩式革命”，而是一场“哈金式革命”。它将“哈金式革命”的特点概括为四点：第一，能引发多学科的科学实践方式发生大的转变；第二，能促使和引导新机构的产生以及形成新的做法；第三，这种革命与实质性的社会革命直接相关；第四，这种革命发生的历史可以不完整、不全面。他认为，经典统计理论的出现和发展就是“哈金式革命”的典型例子。正是因为历史的不完整和不全面，所以迈克尔·马霍尼（Michael Mahoney）才有“不存在关于计算的历史”的论断。而在“库恩式革命”里，新旧范式的更迭就意味着科学革命的发生，科学方法随着科学革命的发生而发生改变。但是科学事实告诉我们，现代科学并没有排除一切旧的方法，很多旧方法被保留下了来。一般来说，新方法一经出现，常常是作为对旧方法的补充而被科学家所使用，因此既与库恩的新、旧“范式替代”完全不同，也与哈金的“实践方式的大转变”也不同。于是汉弗莱斯提出了“侵位式革命（Emplacement Revolution）的概念与“库恩式革命”“哈金式革命”做区别，用来概括计算科学引发的这场革命。[1]

（二）计算科学的认识论问题

1. 计算机对人类认识能力的超越

科学仪器的发明和使用，使人们跨越了许多由于人类局限性所带来的认知障碍，如望远镜和显微镜的发明使人类跨越了“可观察性”和“不可观察性”之间的界限；计算机的发明和使用又使人类在一定程度上跨越了“可计算性”和“不可计算性”之间的界限。但是仪器能否反映客观实在，以及如何论证仪器所参与的认识过程的可靠性呢？当伽

① 刘益宇、薛永红、李亚娟：《突现、计算科学及大数据》，《哲学分析》2018 年第 2 期。

利略把望远镜指向太空进行观测时就遇到这样的问题。当时的很多人认为那些用望远镜看到的现象并不是实在的，而是伽利略变的戏法而已。汉弗莱斯认为“计算科学的进步不仅仅是理论上的，而且是技术上的”①，因为新的技术可以引领人类进入新的认识领域。计算机在运算速度、存储能力以及由之产生的数据库技术等方面，远远超过了人类自身的感官和思维能力，所以最基本的变化是，计算机使可认识的领域产生了质的变化。比如，人类自身的计算速度为每秒 10^{-2} 次浮点计算，而目前的超级计算机（如天河 2 号）可以达到每秒 10^{16} 次浮点计算。如果将一台 10^{12} 次浮点计算级别的计算机运行 3 个小时，其所能执行的计算量让一个人来完成的话，需要的时间相当于我们所处的宇宙的年龄（约 138 亿年）。因此，计算机对人类认识能力扩展，将使传统的认识论完全不符合现代科学的认识过程。因此，我们需要建立新的基于计算机的认识论。

在现代科学研究中，科学研究者往往都遵从计算机的认识权威。但存在的问题是，我们人类（主要是参与研究的人员）如何理解和评估它的可靠性呢？计算机在某些方面的能力已经远超人类，并且大都以人类无法完全理解的方式运行。最关键的是，计算机的能力还将持续升级和不断扩展。因此，在以计算机为基础的一个高级的计算过程中，人类在实践中是无法严格地、完全地追踪它的每一个步骤。可见以计算机为基础的认识论与以数学证明和科学推理为手段的传统认识论之间存在着本质的区别，这就是所谓的认识论的不透明性（Epistemic Opacity）。由于认识上的不透明性是计算机参与认识的典型特征，所以这一概念也是汉弗莱斯认识论中的核心概念，在汉弗莱斯的哲学理论中占有重要地位。②

2. 计算机表征的特征

人类认识的表征形式有许多种不同类型，最常用的有以下几类：

---

① Humphreys P.，“Computational Science and Effects”, In C. Martin, N. Alfred (Eds.) *Science in the Context of Application*. Springer Netherlands, 2010, pp. 131 – 142.

② Humphreys P.，“Computational Science and Effects”, In C. Martin, N. Alfred (Eds.) *Science in the Context of Application*. Springer Netherlands, 2010, pp. 131 – 142.

显性的（Explicit），隐性的（Implicit）；透明的（Transparent），不透明的（Opaque）；有意识的（Couscious），无意识的（Uncouscious）等。在计算科学中，最常见的是不透明的表征。因为人类无法追踪计算机在完成某一运算时的各个步骤，这就使计算科学的认识论与传统的数学证明和科学推理有了本质区别，而最大的区别在于是否具有透明性。

什么情况下表征才是透明的呢？汉弗莱斯认为，如果系统的状态能被表征为人类可以明确跟踪、审查、分析、解释和理解的形式，并且不同状态之间的转换也是按照具有类似属性（即能被人类跟踪、审查等）的规则来表示的话则为透明性表征，反之则为不透明表征，表述为：

“A process is epistemically opaque relative to a cognitve agent X at time in case X does not know at all of the epistemically relevant elements of the process.”①

3. 关于计算科学的认识论

由于当代科学的大部分知识（概念、理论和数学除外）都来自技术的进步，并且大都具有某种程度的表征不透明性，即不透明表征的问题是客观的，人类根本就无法绕开，只能想办法面对。汉弗莱斯建议，由于计算机这种认识方式是如此重要，对于它参与的认识过程，我们在某种程度上放弃对表征透明性的坚持应当是理性的选择；并且建立起一种基于不透明表征的认识论，可以使人类在已经过时的经验主义与纯粹的臆测之间，找到一个平衡的、可辩护的哲学立场。需要强调的是，这种以计算机或计算科学为基础的认识论，将不再是以人类为中心或为固有基础的认识论。他坚称：人类只有放弃人类中心主义的认识论，才能走出人类中心困境（The Anthropocentric Predicament）。因为在他看来，当我们对自身的感官能力进行延伸的时候，这些延伸系统已经使科学本身发生了转变，即科学认识论实际上已经不再是人类中心主义认识论

① Humphreys P.，“Computational Science and Effects”，In C. Martin，N. Alfred（Eds.）*Science in the Context of Application*. Springer Netherlands，2010，pp. 131 – 142.

(Human Epistemology)。只不过由于计算科学和大数据的兴起，这种非人类中心主义认识论（Anthropocene Epistemology）的特征被强烈地突显出来了。关于非人类中心主义认识论有什么特点，包括不透明表征的认识论有什么特点，汉弗莱斯在之前的计算科学哲学中并没有进行过具体的论述，较深入的研究是直到近几年才出现的，而这在相关的哲学问题的研究上具有非常重要的理论意义。

二　对大数据的哲学研究

如第二章所述，在大数据的哲学研究中，对大数据本质的认识存在两种针锋相对的观点。汉弗莱斯通过引入对大数据的两种分类方法——大写的大数据（BIG DATA）和小写的大数据（big data），在一定程度上厘清了这种认识论的混乱状态。同时为了分析具有不透明表征的认识过程，汉弗莱斯结合大数据的认识特点建构起三个关键概念——数据域（Datasphere）、深调制（Thick Mediation）和不透明表征（Opaque Representation），来帮助人们理解大数据以及以计算机为基础的认识过程。[①]

（一）两种"大数据"的观点

汉弗莱斯指出，目前既没有也不可能为大数据做一个准确的界定，但是从大数据起源到发展至今，它本身存在着一条清晰的脉络。与我们的文献追溯结果相同，汉弗莱斯认为"大数据"一词最早出现在20世纪90年代。当时各行业和各门科学广泛使用数据采集和数据存储设备——从计算机科学仪器和收银机到关系数据库和数据仓库——使得难以控制的数据流汇集成了海量数据。[②] 对这些海量数据进行有效的分析

---

① ［美］拉斐尔·阿尔瓦拉多、保罗·汉弗莱斯：《大数据：深调制与不透明表征》，薛永红译，《哲学分析》2018年第3期，原文参见R. Alvarado and P. Humphreys, "Big Data, Thick Mediation, and Representational Opacity", *New Literary History*, 2017, Vol. 48 (4), pp. 729 – 749.

② ［美］拉斐尔·阿尔瓦拉多、保罗·汉弗莱斯：《大数据：深调制与不透明表征》，薛永红译，《哲学分析》2018年第3期。

和处理，就成了各门学科所亟待解决的问题。不久之后，数据挖掘技术，即从大量的数据中挖掘认知模式与洞察的方法应用而生。尤其是谷歌公司，他们的专业团队将数据挖掘技术展现得淋漓尽致。1991 年，美国国会通过了《高性能计算法案》(*High Performance Computing Act*)，解除了对互联网的监管。从此以后，各大数据公司结合先进的数据挖掘技术，在数据领域取得了令人瞩目的成绩，从而引发了广泛的讨论。《自然》和《科学》在 2008 年以来，先后刊发了关于谷歌与大数据的专刊，但讨论的重点并不是谷歌在大数据挖掘领域的成功经验，其主题是"人能从谷歌身上学到什么?"因为谷歌的数据研究被认为是一种新的研究方式的典范。汉弗莱斯也认为，目前看来大数据这一概念不仅涵盖了一套完整而又行之有效的数据处理方法——尤其是在数据科学和机器学习等领域，而且还是一种获取科学知识的全新的工具；此外，由于大数据的广泛应用，它已然引发了一场关于人类生活、工作和思维方式的革命。①

经过对大数据发展历史的考察，汉弗莱斯指出："大数据"一词的内涵在这一新的认识运动中不断发生扩展与变化，并逐渐派生出了两种相互关联的结果，一种可以称之为"小写的大数据（big data)"，另一种则是"大写的大数据（BIG DATA)"。其中，big data 被看作是与数据科学密切相关的方法和行为。由于数据量太大以至于不能用传统的方法进行处理，比如大型强子对撞机在运行中所生成的海量数据。这种在科学研究中出现的大规模数据集和相应的处理方法，即为 big data。而 BIG DATA 则指的是与数据科学相关的方法和行为被应用到或嵌入进社会的各领域后，对人类社会的复杂结构所产生的历史性变革或影响。在经济领域，可用它来表示以数据为媒介的商业形式，如 Google；在文化领域，这个术语代表了一种由数据科学驱动的一种新的知识和知识生产方式，如个性化推荐。因此，BIG DATA 可以被看成是 big data 在经济

---

① ［英］维克托·迈尔－舍恩伯格、肯尼思·库克耶：《大数据时代》，盛杨燕、周涛译，浙江人民出版社 2013 年版，第 1—19 页。

和文化等方面的运用及其导致的方法转向等。①

汉弗莱斯认为，BIG DATA 正是我们目前主要关注的对象，因为它具有社会性与文化性。这类关于人类行为的数据，不仅数量大、范围广、事无巨细，如通过社交媒体以及购物平台、信用卡记录可以追踪到个人的消费数据等，在质与量上都远远超过了小数据时代的数据。它对数据的存储、传播、分析与处理技术的要求都有了根本性的变化。因此他认为，BIG DATA 对技术和文化都提出了巨大的挑战，而且对于人文社会的科学研究者说，BIG DATA 才是他们最应该感兴趣的领域。②

（二）数据域

为了理解两种大数据的内涵以及大数据的本质，汉弗莱斯引入了一个重要概念，将其作为一个理论框架的组成来理解大数据及其相关的认识论问题，这个概念就是“数据域（Data Sphere）”。

什么是数据域呢？汉弗莱斯给出了明确的定义：“对机器可读数据的收集、聚合和使用的基础设施。”并且声明，这一定义最初是由洛西克夫（Rushkoff）提出的；之后，加芬克尔（Garfinkel）对此做了清晰的界定。在这个数据域中，有硬件如计算机、手机、监控仪器、各种互联网终端等；有软件如操作系统、专用系统、云等；有网络如 Internet、万维网、各种局域网等；有虚拟平台如 Facebook，taobao 等；有参与者如人、机器人、无人机等（结构如图 3—1 所示）。

因此，数据域是在人类生物圈中发展起来的一种网络，“它既不是抽象的也不是虚拟的，它是在人类生物圈内发展起来的、具备技术和社会因素的具体结构。”③ 数据域有多种维度（如下图 3—2 所示），这些维度就如同各种透镜一样，帮助我们透视人类社会的众多维度。

---

① ［美］拉斐尔·阿尔瓦拉多、保罗·汉弗莱斯：《大数据：深调制与不透明表征》，薛永红译，《哲学分析》2018 年第 3 期。

② ［美］拉斐尔·阿尔瓦拉多、保罗·汉弗莱斯：《大数据：深调制与不透明表征》，薛永红译，《哲学分析》2018 年第 3 期。

③ ［美］拉斐尔·阿尔瓦拉多、保罗·汉弗莱斯：《大数据：深调制与不透明表征》，薛永红译，《哲学分析》2018 年第 3 期。

图3—1　数据域

1. 多种维度

（1）具有与拉图尔（Bruno Latour）的行动者网络相似的结构。它包括人与机器之间的一系列交流，并且作为共同参与的主体，共同产生我们可能与特定社会、文化以及机构相关的独特的互动模式。[①] 行动者可以是人、非人的存在者。行动者与行动者之间的关系不确定，每一个行动者是一个节点，节点之间的连接形成了一个巨大的网络。该网络是去中心化的，每一个节点——行动者——都是主体，主体与主体之间是一种相互认同、相互承认、相互依存的平权关系。

（2）具有与波兰尼（Karl Polanyi）在《大转型》（*The Great Transformation*）中所描述的自由市场有相似的空间结构，只是规模更大一些。[②] 在波兰尼看来，在实现市场经济以前，市场往往是"嵌入"在社会其他部门中的，意味着并不存在一个独立自发地通过自我调节完成的经济体系，但这是资本主义一直期望做到的。只有这样才能将一切都纳

① Latour B., *Reassembling the Social: An Introduction to Actor – Network – Theory*, Oxford University, Press, 2005.

② Polanyi K., *The Great Transformation: The Political and Economic Origins of our Time*, Beacon, 1957, p. 5.

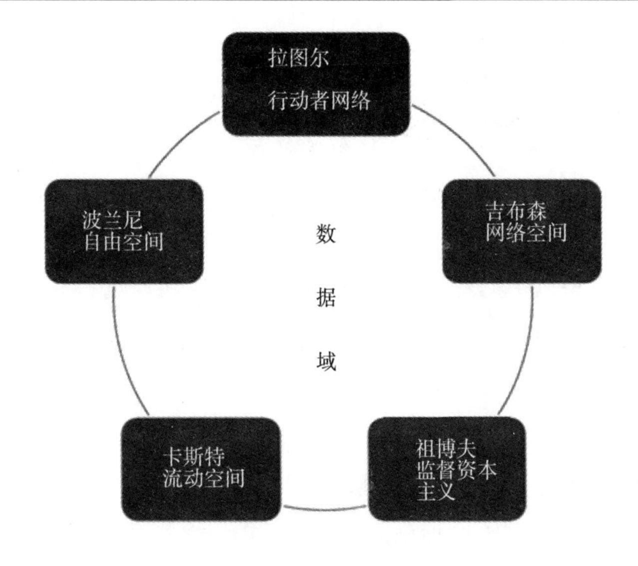

图 3—2　数据域的维度

入市场经济中，市场因此也就实现了对社会的“脱嵌”。其发展由此将不再受制于其他部门，只服从市场的法则，于是市场经济就演变成市场社会。但这种所谓的自由市场是一种乌托邦式的市场，是无法实现的。

（3）具有与威廉·吉布森（William Gibson）的“网络空间”概念相似的意义。吉布森认为：“网络空间是成千上万接入网络的人产生的交感幻像……这些幻像是来自每个计算机数据库的数据在人体中再现的结果。”[①] 这种空间网络有四个特点：第一，能够脱离躯体独立存在，它实际上是人类知觉的极端简化；第二，网络空间突破了物质的束缚；第三，由于构成网络空间的主要元素是信息，因此信息的持有者天然地拥有极大的权力；第四，由于人们可以将精神、意识贮存在网络空间的信息存贮器中，因此一个人一旦进入网络空间之中，他就可以获得永生。[②]

（4）具有与曼纽尔·卡斯特（Manuel Casetells）的“流动空间”相似的含义。研究网络社会的社会人类学家卡斯特认为，由于代表不同

① 肖峰：《网络与实在性》，《中国青年政治学院学报》2005 年第 2 期。
② 段伟文：《网络空间的伦理基础》，博士学位论文，中国人民大学 2001 年。

利益的社会行动者之间不可避免地存在一些矛盾和冲突，“空间”因此得以建构。[①] 卡斯特认为社会结构的变化所引起的社会关系的变化，也将引起“空间”形式的变化。在数字社会背景下，网络空间的特征可以概括为：网络建构了我们社会的新社会形态，而网络化逻辑的扩散根本地改变了生产、经验、权力与文化过程中的操作和结果。不但如此，网络在新时代还突破了传统的规模性、复杂性和速度，并且依据新技术，具备了灵活性、适应性和自我配置能力，使整个社会生活具有在空间布局上的集中与分散并存的趋势。[②] 所以，在信息技术不断发展的今天，“空间”的社会物质维度，将最终使其演变成为一种具有流动性的、并在“流动”过程中保持其结构的稳定性和功能性的形式。卡斯特尔从三个层次描述了这种流动的空间：第一个层次是物质基础。流动空间是由物质支持的，这种空间在本质上是由微观粒子——电子——在回路中的流动所构成。电子及其所在的回路构成了我们所认为的信息社会的物质基础；第二个层次是空间结构的构成。流动空间是由节点与核心所构成的；第三个层次是组织。流动空间是占据支配地位的社会精英（而非阶级）的组织。因此，虽然流动空间并不是我们社会中客观存在的唯一的空间，但是流动空间却是具有支配性地位和作用。[③]

（5）具有与肖莎娜·祖博夫（Shoshana Zubof）的“监控资本主义”相似的含义。祖博夫认为，政府的监控与谷歌的网络监控相比简直是小巫见大巫。他们通过对用户行为监督、控制、改变、数据的销售等，业已形成为一种新的经济形式——监控资本主义。这种突变是由数字化这种极端冷漠和巨大的力量、金融资本主义以及至少在近三十年来主宰商业的新自由主义耦合孕育而来的。网络空间是监控资本主义的诞生地，是一种前所未有的市场形式，它最先被谷歌所发现、发展，然后又被 Facebook 等互联网公司所采用，然后迅速地扩展到整个互联网。

---

① ［美］曼纽尔·卡斯特：《网络社会的崛起》，夏铸九、王志弘译，社会科学文献出版社 2001 年版，第 569 页。

② 闫婧：《卡斯特的“流动的空间”思想研究》，《哲学动态》2016 年第 5 期。

③ 余婷：《曼纽尔·卡斯特的流动空间理论研究》，博士学位论文，南京大学 2014 年，第 13 页。

此外祖博夫认为，监控资本主义不是数字时代资本主义现存的唯一模式，也不是将来唯一可能存在的模式。但是，由于资本积累的快速步伐加上制度化进程，它已经成为默认的未来可能的模式。[①]

2. 数据域的特征

（1）数据域是具体的而非虚拟的。

（2）数据域是一种社会建制，它从许多相互独立的领域及其相互联合的进程中涌现并嵌入其中，比如由数据密集型科学研究中获得的一些模型、方法和理念，扩展、应用到对组织内部事务的处理中，在这一过程中首先产生了 big data，big data 在不断的聚合与扩展中，产生和造就了 BIG DATA。

（3）数据域是一种历史建构的、地理空间上分散的并且与社会相互关联的网络，基于这种网络，人与机器实现数据的交换过程。

（4）数据域是一种拉图尔意义上的行动者网络，通过参与者（包括人和机器）之间的数据交流，共同产生与我们的社会、文化和相关机构相互联系的独特的交互模式。

（5）在数据域中，社会关系是由媒体的形式和信息交流方式而塑造的，其机制就如同本尼迪克特·安德森（Benedict Anderson）在《想象的共同体》中所描述的机制类似。

总之，两种涵义的大数据的存在皆因数据域的存在而存在。

（三）数据域的参与结构

如前所述，数据域具有拉图尔意义上的行动者网络的特征，包括人、机器、人与机器之间的交流，并以此为基础形成了特定的文化。在这一过程中，技术发挥了核心作用。数据域的参与结构是"通过在软件中执行编码并在硬件约束下运行规则得以生成的"。[②] 为了揭示数据域的结构和作用，汉弗莱斯给出了表征数据域的参与结构，并且指出数

① 谷歌智能帝国：超级公司开启全球监控资本主义时代，https：//www. guancha. cn/economy/2016_ 03_ 21_ 354506. shtml.

② ［美］拉斐尔·阿尔瓦拉多、保罗·汉弗莱斯：《大数据：深调制与不透明表征》，薛永红译，《哲学分析》2018 年第 3 期。

据域中主体的参与结构和过程中的细节。虽然非常复杂和多变，但作为类本质，则存在一个共同模式，如图3—3所示。

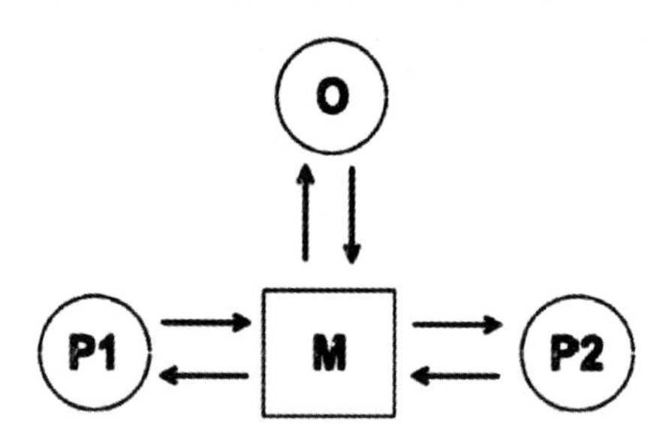

图3—3　数据域的参与结构

如上图，三类参与者（agent）相互交互，从而形成数据域的基本参与结构。其中P1和P2代表任意数量的与服务有关的人员。M为参与过程的机器，它介于P1和P2之间；组织O负责托管、控制由M支持的服务，如大型数据公司。

例如：一个人（P1）使用手机（M）发送微信（O）朋友圈，而其他人（P2）可以通过手机（M）访问P1所发布的信息。

这一参与结构与信息传输的过程虽然非常类似于传统的以计算机为媒介的信息交流（CMC）的形式，但是数据域的参与结构的功能远远超出了CMC的界限，其中计算机组织、构建甚至改变了人与人的关系。

第一，在参与结构中的参与者P1与P2可以不认识。比如在微博上你可以随便@别人，相互之间可以是不认识的。

第二，这进一步说明了自Web 2.0时代以来，人与人之间的通信方式的重大改变——通信的非私密性。这种非私密性是由于O的存在。比如微信平台作为一种托管组织，它实际上是P1与P2之间交流的中间人。

第三，参与者属性的改变。在CMC中，人作为信息交流的主体，其属性本质上没有改变。但是在数据域的参与结构中，通信行为以及由这种行为产生的数据存在于一个大的利益链条之中，因此参与者本身的属性则异化为商品。因为在这种交流方式下，数据域参与结构的机构的创收来源绝不可能只是服务收费。如果是这样，怎么理解众多为公众提供免费通信服务的平台呢？Facebook、微信、QQ等，它们靠什么盈利？

俗话说，商人是“无利不起早的”。其实，参与者在完成通信行为、达成自己的目的的同时，遗留的数据则是商家产生价值的重要资源。因此，机器在本质上“主要促成的是参与者——尤其是参与者的数据——与组织之间的关系，而不是参与者之间的关系。”[①]

第四，存在两种可能极端的倾向。首先，这种参与结构存在的目的都是为了赋予、扩大组织的权力而不是考虑用户本身。对大数据持批评和强烈怀疑态度大多产生于此。他们认为，大数据是新自由主义和全球主义的阴谋，机器在其中扮演着双重间谍的角色。如百度、腾讯、谷歌等，最终都发展成为了互联网中的霸主。其次，这种非组织结构自觉接受监督，并且不与选民的利益冲突。它们获得的数据可以用来改善成员与组织之间、组织与组织之间的关系，比如像大数据医疗、个性化服务等。人们所面临的挑战就是对两种倾向的调控，使其与人类的共同需求相契合。

第五，数据库是信息交流与汇聚的枢纽。在论述数据库的作用时，汉弗莱斯将数据库比作“曼陀罗（mandala）”。通过数据库这一枢纽，实现数据的存储、聚合，以及被运用于其他方面。作为数据库中数据的贡献者，参与者（P）通常对数据的使用毫不知情。因此，汉弗莱斯将数据库看成是书写和印刷技术真正的继承者。[②] 正是数据库的存在，使基于数据的通信行为可以跨越时间与空间的界限，而且这种通信信息可以以数据的形式长期保留。

我们可以以两个使用移动电话进行通话的人（P1 和 P2）为例说明这一结构的运行情况。由于双方通话的目的是将参与者（P1）发出的信息真实地传播给接收者（P2），这种通信行为的直接和最高目标就是保证信号不失真，尤其要减小信道引起的噪声。为了降低噪声，相应的通信技术将信息进行调制，但对这种信号所采取的调制不会改变信息本身，即所做的仅仅是“浅调（Thin Mediation）”。而数据库介入的通信

① ［美］拉斐尔·阿尔瓦拉多、保罗·汉弗莱斯：《大数据：深调制与不透明表征》，薛永红译，《哲学分析》2018 年第 3 期。

② ［美］拉斐尔·阿尔瓦拉多、保罗·汉弗莱斯：《大数据：深调制与不透明表征》，薛永红译，《哲学分析》2018 年第 3 期。

就与此完全不同，比如机器学习、数据建模、网络冲浪、使用聊天软件等，因为这些信息最终要被储存在参与结构的中心——数据库中，信息在流动中将被不断地被文本化并存储在数据库中。当信息经过处理（文本化）再被定向到第三方机构即数据库——而这种定向显然是与参与者的“对话”无关的，这一过程将改变上述交互行为的根本性质。通信的直接和最高目标不再是保证信号不失真以及降低噪声，反而是要从根本上重塑信息，因此这种对信息的调制称之为“深调（Thick Mediation）”。以上所描述的两种对信息调制的方式——浅调和深调，正是big data与BIG DATA的区别所在。例如在以自然科学研究为代表big data的领域，科学家在大数据的收集与处理过程中，通信行为是单向发生的，即从自然现象到数据收集器（传感器）；此外最为关键的是，科学家对数据所做的处理和结果本身并不会直接改变自然现象，如天文学家对从射电望远镜中得到的数据所做的一系列的分析和处理以及得到的结论本身，都不会改变天文星系的现象本身，如其位置、角动量、温度、辐射等等。然而在BIG DATA的众多领域，信息常常是双向流动着的，既有信息的输入与输出，还有信息的反馈。比如，当你在使用社交软件（Facebook、微信、QQ）时，这些公司将你及其参与者生成的数据存储起来，并通过数据对你做分析甚至来塑造你的行为和习惯，如通过个性化推送的方式，来塑造你的购买习惯、娱乐喜好等。因此在BIG DATA中，信息的产生者与信息的接受者之间存在反馈的关系，而在big data中则不会。

为了理解深调所带来的认识论影响，汉弗莱斯引入了在计算科学哲学中所使用的概念——不透明与透明表征，即在许多不同类型的表征问题中，如显性与隐性的表征（explicit and implicit）、有意识与无意识的表征（conscious and unconscious），汉弗莱斯关注的重点则是透明与不透明的表征（transparent and opaque representations）的特点及其关系。

什么叫透明性表征呢？如果系统的状态能被表征为人类可以明确跟踪、审查、分析、理解和解释的形式，并且不同状态之间的转换也是按照具有类似属性即能被人类跟踪、审查等的规则来表示的话，这种表征就叫透明性表征，反之则为不透明表征。像公理化理论体系，科学模型、围棋等都是透明表征。不透明表征的表现恰恰与前面所述相反，其产生的原因一般来自三个方面：（1）知识产权限制；（2）缺乏必要的计算技能；（3）专有算法本身的复杂性。

在大数据和机器学习的背景下，我们必须澄清透明和不透明表征之间的差别，这实际上意味着不透明性表征问题变得异常突出了。由于数据库的规模巨大，单纯依靠人力去完成那样庞杂的数据处理任务已经是不可能的事情了，这就迫使人们必须使用计算机来完成数据处理的工作。但是对于计算机处理来说，也许我们并不需要考虑计算机运行对人类是否透明，即不管使用何种表征方式，只要对计算机有效就可以。或者我们甚至是被迫无奈地这样来说。对于计算机有效的一些表征，很多对人类是不透明的，比如机器学习中常用的受限波尔兹曼机、卷积神经网络、堆栈式自动编码器等，其中的绝大多数表征对于人类都不透明；此外，大数据（BIG DATA）的深调制行为又进一步加大了不透明表征发生的概率和强度。可见，基于透明表征的传统认识论事实上根本无法理解大数据现象，我们不得不认真对待认识过程中表征的不透明性问题了！

（四）数据库与深调制

数据库的存在，使数据域参与的通信行为与传统的通信行为有了本质不同。如果把数据库理解为“文本（Text）”的话，数据库在信息传输与交互过程中所起的作用可以称为“文本化（Entextualization）”。“文本化”其实就是指：“将短暂的话语转化为持续的媒介形式（如写作、歌曲）的过程，而这种媒介形式在影响社会生活的能力方面已经远远超越了话语的原始语境。”[①] 比如当我们在使用微信聊天、刷屏或者阅读的时候，数据库所做的工作就是即时地将我们的行为转化为文本并存储。这种自动、实时、无处不在的文本化行为，与传统的通信行为如打电话有本质的不同——除非你打电话的时候线路被监听或者窃听，

① ［美］拉斐尔·阿尔瓦拉多、保罗·汉弗莱斯：《大数据：深调制与不透明表征》，薛永红译，《哲学分析》2018年第3期。

就像德国电影《窃听风暴》中所描述的那样，特工用纸笔将被监听者的所有行为记录下来，但这种做法实际上只是一种原始的“文本化”行为。

数据库的文本化过程，本质上是对原始信息进行的操作和加工。由于对原始信息的这种加工行为甚至会改变其原始的意义与语境，因此我们才使用“调制”这一概念来揭示和强调数据库的这一特征。而且如前所述，汉弗莱斯还把调制分为“浅调”和“深调”。他结合前人对数据库的研究结论，尤其是数据库研究专家列夫·曼诺维奇（Lev Manovich）的研究结论，针对深调制的特点及其产生的影响进行了深入的分析。为此，汉弗莱斯认为数据库具有如下一些特点：（1）数据库可以被看作是“一种象征形式”；（2）数据库的逻辑与历史和文学文本的叙事逻辑可能完全不同，数据库的顺序是“随机存取”，本身找不到开端和结局；（3）数据库的文本是对一个个相互独立的信息的汇聚，即其结构是聚合生成的；（4）数据库在存储、打包和转发过程中，原始数据的唯一性或将丢失，其中也包含着数据语境的减少；（5）数据库的内容可以是不连贯的或碎片化的；（6）所有数据库都应当遵循一个固定架构，并且能被机器读取，被人类查询……。

可以看出，汉弗莱斯对数据库特征的研究结论，基本上涵盖了大数据的所有特征，也基本符合目前人们对大数据的共同看法和要求，比如对数据格式的统一架构、数据库的聚合等。另外他还指出，由于数据库文本的来源和受众不仅仅是数据域的参与者，对数据库的整体来说，参与者实际上只贡献了其中的很小部分。从这个意义上来看，对于数据域的参与结构中的组织与个人来说，数据库就是BIG DATA。此外，由于数据域还存在着一个非常明显的特征：不及物性（intransitive structure），即这种信息的交互形式的产生、发展可以没有直接参与的对象——最典型的如物联网中的数据——因为无处不在的传感器和监视设备实现的“万物互联”，数据库可以实时实地自动进行数据的捕获与交流行为；很明显，这类事件的发生并不需要“通信的主体”。

从上面有关数据库特征的讨论中我们不难看出：数据库的形成源于万物的数据化与互联，而这一过程又与数据的调制特别是深调密切相关，所以我们必须探讨的下一个问题就是——

（五）深调制的认识论后果

关于大数据的认识论后果，汉弗莱斯认为存在两种截然不同的极端的看法，一种是以安德森提出的“理论的终结”的观点；另一种是以尼古拉斯·卡尔（Nicholas Carr）提出的“谷歌使人类变得愚蠢”的观点。很显然，这两种观点对以深调制为特征的数据库会在何种程度上来介入和影响我们的知识做出了截然相反的评价。另外，被誉为“互联网革命的思考者”的美国纽约大学教授克雷·舍基（Clay Shirky）也对曼诺维奇的数据库逻辑概念作了深入研究，并且极力推崇曼诺维奇所提出的“数据库导致本体论衰落”的观点——在他看来，将会有更加开放和全面的数据组织模式、社交媒体平台等参与未来的研究，从而打破专家们相对传统和封闭的研究模式。[①] 总之，在大数据背景下，无论对大数据持何种立场，做何种判断，其实都是一种常见的认识论效应的反映，即“数据库作为代替文字书写的一种代表性模式，其中包含着对知识的访问需要特殊的技术和表征方式的要求，这些技术、方法与非计算规程中所使用的方法和表征方式有着本质的不同。”[②]

汉弗莱斯引入了一个重要概念来讨论他所关注的大数据的认识论后果——认识的“不可及性（Epistemic inaccessibility）”，即在技术的带动下，人类社会已经步入了一种新的生活状态和历史环境；在这种环境中，如果一个人不具备必要的计算能力，他就无法获取数据库中的相关知识，这就是认识中所谓的“不可及性”。这种由于技术的进步所导致的认识论上的不可逾越的鸿沟，随着时间的推移将持续存在。汉弗莱斯认为，除了技术能力外，导致这种认识的不可及性发生的另一些重要原因还有诸如专有算法、知识产权以及客观存在的“数据霸权”和“数据孤岛”等。

---

① Shirky C., *Ontology Is Overrated: Categories, Links, and Tags*, http://www.shirky.com/writings/herecomeseverybody/ontology_overrated.html.

② ［美］拉斐尔·阿尔瓦拉多、保罗·汉弗莱斯：《大数据：深调制与不透明表征》，薛永红译，《哲学分析》2018年第3期。

当然，更为本质的问题是，在大数据背景下的认识的不可及性对于“运行它的技术人员来说是否是可及的呢?”① 汉弗莱斯认为，答案也是否定的。原因有如下几个方面：第一，直接造成认识障碍的是数据库的规模、复杂性以及处理数据时的计算量；第二，缺少适当的算法。我们在前面已经明确论述过算法在大数据认识当中的重要作用，而新的算法的发明会促进知识的发现，但这些新的算法不是所有人都能很快熟悉的；第三，也是最为核心的原因，那就是如前文所述，有关计算机的很多表征方式，除了复杂算法的特征，还具有不透明的表征特性。

其实，汉弗莱斯在《延长的万物之尺——计算科学、经验主义与科学方法》一书中对算法的不透明性早就有过论述。在他看来，“在计算机模拟中，其模拟过程中的大多数步骤都无法直接地接受检视和验证。”② 在书中，汉弗莱斯就曾指出，不透明表征的来源主要在两个方面：其一是计算过程发生的太快；其二是涉及斯蒂芬·沃尔夫勒姆（Stephen Wolfram）称之为计算不可约过程（computationally irreducible processes）的东西。对于什么是计算的不可约过程，汉弗莱斯认为“这是一个很微妙的过程。”③ 虽然如此，其对于认识不透明性问题而言尤为关键。这恰恰反映出，人们处理复杂问题需要提高计算速度的要求与要提高透明则需要放慢计算速度以便人类可以追踪细节之间的矛盾，是认识不透明性的重要根源。他还给出了很多具体的事例来说明与表征的透明性相关的问题：“人文科学的语言表征和自然科学的形式化表征通常是透明的。因为公理化理论方法的主要优点之一是它明确规定了基本原则，并将一个领域的所有知识都归结为这些基本原则，欧几里得的几何理论就是公理化方法的一个典型例子。除了理论之外，科学模型也常常是透明的，就像一个硬币抛掷的序列是可以由伯努利分布来建模一样。模型的每个部分——独立投掷、投掷概率的恒定性等——都被明确

---

① ［美］拉斐尔·阿尔瓦拉多、保罗·汉弗莱斯：《大数据：深调制与不透明表征》，薛永红译，《哲学分析》2018 年第 3 期。

② ［美］保罗·汉弗莱斯：《延长的万物之尺——计算科学、经验主义与科学方法》，苏湛译，人民出版社 2017 年版，第 141 页。

③ ［美］保罗·汉弗莱斯：《延长的万物之尺——计算科学、经验主义与科学方法》，苏湛译，人民出版社 2017 年版，第 142 页。

地表征。相反，存在一些使用不透明表征的计算过程，或者其中可能没有使用任何类型的表征。而从人类的角度来看，我们目前不能甚至永远不能详细了解这些过程是如何表征世界的。”①

关于认识的不透明性或者部分不透明性，汉弗莱斯则用大数据研究中常用的文本主题词建模方法来做解释。“主题建模”是通过机器学习来建构与文本或文本集合相关的统计模型的方法，是目前大数据文本分析的主要方法之一。经过主题建模所构建的统计模型可以对文本中出现的主题词生成一组组概率分布关系。不管好坏，不论有效无效，由主题建模所生成的概率分布，都称为“主题”。他在论述中谈到了一个文本分析的具体案例，即对哲学家约翰·密尔（John Stuart Mill）的著作进行的大数据文本分析。从对密尔作品的分析中，能得到很多主题模型。其中会出现如人类、男人、女人、社会、生活、道德、存在等主题词。很显然，对稍微熟悉密尔工作的人来说，这些主题都是透明的。因为密尔的研究涉及社会学和政治学，这些统计结果中出现的主题词正是社会学与政治学研究中的核心词汇。另外，还有一些主题模型中，会出现主题词如最多、必要、案例、知识、地点、部分、方法等，这些主题词虽然表面上似乎不太明显地与密尔的研究相关，但是对密尔做过深入研究的人也可以推测到这些主题词意味着什么。当然，也可以通过改变建模的方法而生成一些更为“相干”的主题词系列，或者将这些不相干的主题词作为“噪音”来处理，这些做法在研究中都是允许的。② 但是，研究者发现，尽管可以采用以上的方法，但总是会出现一些主题词系列：不是那么透明，但是又不能被忽视。正是因为这些主题词触及到了密尔工作中的“隐藏”内容，它们是客观存在的潜在的主题，是读者或者研究者在此之前从来没有解读出来主题。研究者们过去之所以没能发现，恰恰是因为这些主题也许并不是通过人类所熟悉的文字、语言表

---

① ［美］拉斐尔·阿尔瓦拉多、保罗·汉弗莱斯：《大数据：深调制与不透明表征》，薛永红译，《哲学分析》2018 年第 3 期。

② Chang J. , Gerrish S. , Wang C. , et al. *Reading Tea Leaves*: *How Humans Interpret Topic Models*, International Conference on Neural Information Processing Systems, Curran Associates Inc, 2009.

征方式等来表达的。显然，这类统计结果对于人类来说是不透明的，但是对于机器、算法来说却是透明的。所以，这些只能由算法揭示出来的主题结构，是客观地真实存在的，但人类却发现不了它们。说明它们不能被人类做出合理的解读——它们对于人类是不透明的——这正是大数据的核心特征，即大数据将语言结构换成了统计结构，并且把透明表征换成了不透明表征。[①]

综上所述，认识的不透明性是数据库被深调制的必然结果，这也直接导致了人们已经不可能在数据处理方面事事亲力亲为。人为的分析在很大程度上不得不被机器所取代。

（六）深调制的认识论

在大数据背景下，面对大量的、复杂的数据，人们必须要使用机器来完成分析。而对机器有效的表征对于人来说并不透明，特别是对数据库的深调制又加强了不透明表征发生的概率和强度，这样就必然会导致基于透明表征的传统的认识论根本无法理解大数据。于是，如何应对这种不透明性是大数据认识论研究中必须面对和亟待解决的问题。

汉弗莱斯在《延伸的万物之尺》中就指出，要解决不透明性表征问题，“人类必须放弃对计算科学认识透明性的坚持。”[②] 对此，他在其早期的著述中就有过论证。其基本思路是：通过对经典的逻辑和计算进行研究表明与大多数号称“万能”的工具一样，逻辑本身并不适合于处理科学中的每一个具体细节，哪怕它曾经特别好地适用于处理其中的某些问题。因此逻辑作为科学研究中的一种必要工具也有很多缺陷，比如，无论作形式的理解还是作柏拉图式的解读，逻辑本身与时间都是无关的。因此如果用一个与时间无关的形式来描述自然界的复杂现象，如气候变化、湍流、星系演化等行为，显然这是不会成功的。但是计算科学模拟方法的关键特征就在于其本质上的动态性，即它可以以硬件中的

---

① ［美］拉斐尔·阿尔瓦拉多、保罗·汉弗莱斯：《大数据：深调制与不透明表征》，薛永红译，《哲学分析》2018 年第 3 期。

② ［美］拉斐尔·阿尔瓦拉多、保罗·汉弗莱斯：《大数据：深调制与不透明表征》，薛永红译，《哲学分析》2018 年第 3 期。

内部时间为基准，把事物变化和发展的时间线索压缩在一个可显示的时间尺度上。所以，以内在时间性为基础的计算机模拟方法，对于处理复杂系统的演化行为具有非常好的效果。比如在20世纪50年代左右，生物学家就已经建立起了关于海洋生物种群数量与温度的普遍性方程，这些方程被广泛地应用在全球的渔业管理之中。到了20世纪70年代，人们逐渐发现，这些方程的理论结果与实际存在很大的偏差，而且偏差越来越显著！经过详细的研究后，生态学家最终决定抛弃已经建立起来的方程，并在承认复杂性、随机性的基础上，建立起了一种"动态经验模型"。这种动态的经验模型的建立是以混沌理论为基础的，模型具有随机、经验、动态等特征，模型中任何一个参量在任何时候的细微变化，都会引起模型整体的变化，从而引发预测结果的显著的变化。在实践中，这个动态经验模型对种群的预测结果要比采用其他方法包括之前的"普遍性的模型"获得的预测结果都要准确。因此，"用统一性的方程来描述复杂的真实世界，这是科学家的妄想。"[①]

汉弗莱斯还指出，其实人类对于自身在认识事物和对事物进行反应和处理时的大多数过程的了解也是不透明的，尤其是瞬间反应、临场应变、灵感、直觉等，其中的不透明程度在某种意义上要远远强于计算机带来的不透明性。但是为什么人类能安于或者笃信自己的内部表征呢？[②]

"大数据的出现标志着我们认识和表征世界的方式发生了重大转变"[③]，而大数据中使用的表征或模型的类型是其重要性和独特特征的核心。当人们对深调制这种机制不做合理的解释时，它就一直是不透明的，这就使不透明表征成为机器参与的认识中的核心问题。与科学史上出现的所有新方法一样，大数据的出现使之前用其他方法无法解决的问题变得易于处理，这就如同微积分被应用到物理学中就可以非常简单地

---

① Popkin G. A., *A Twisted Path to Equation - Free Prediction*, https: /www. quantamagazine. org/chaos - theory - in - ecology - predicts - future - populations - 20151013.

② 这些论述源自于汉弗莱斯于2017年10月在北京师范大学所作的系列讲座。

③ ［美］拉斐尔·阿尔瓦拉多、保罗·汉弗莱斯：《大数据：深调制与不透明表征》，薛永红译，《哲学分析》2018年第3期。

处理变力问题一样。但是让人们难以理解的是，大数据中的很多方法如机器学习、算法等，仍旧使用了许多旧的数学概念，可它们的新用途明显是针对计算机的需求而不是针对人类的需求的。欧几里得几何学的发明导致了从心理表征到数学表征的转化，这种表征方式通过教育已经内化于人们的内部知识体系和思维方式之中。近代物理学、化学等大多数学科都是基于这种数学表征方式而获得了长足的进步。那么现在的问题是，我们需要对大数据的不透明表征做同样的事情。也就是说，我们要为计算科学、大数据这些以不透明表征为核心的认识方式发展出一种认识论，使人们在纯粹的臆想和各种过时的经验主义之间找到一个可辩护的哲学立场。

关于相应的新的认识论的建立，汉弗莱斯认为首先要在认识上要有一个转变，即我们应当把“原则上”的可能转换成“实践上”的可能，这种转换并不影响我们坚持规范性的东西与描述性东西之间的区别。因为这种转换并不是要放弃推理的规范性。哲学上关注的重点，在于原则上可以做什么，但是现实问题是很多原则上可能的东西在实践上大多是不可行的。哲学除了要关注“原则上”以外，更要关注科学是怎么进步的，尤其是要关注那些在之前实践上不可能的事情现在为什么又变成了实践上可能的事情。

人类认知的目标“不应是把自己限定在人类推理能力在不经设备辅助的情况下所能实现的东西上，而是应该揭示我们天生的能力在经过我们可以通过研究获得的理论和计算装备补充后可以实现的理性标准是什么。”① 科学的一个优势是，我们可以认识到我们的局限，并且可以利用高度精密可靠的技术来解决问题，而不仅仅是依赖我们自己高度易错的手段。②

基于上述考虑，汉弗莱斯断言基于深调制的不透明表征的认识论——与计算科学相同——不应该再以人类为中心。只有放弃了人类中

① ［美］保罗·汉弗莱斯：《延长的万物之尺——计算科学、经验主义与科学方法》，苏湛译，人民出版社 2017 年版，第 142 页。

② ［美］保罗·汉弗莱斯：《延长的万物之尺——计算科学、经验主义与科学方法》，苏湛译，人民出版社 2017 年版，第 142 页。

心，才能彻底地走出人类中心困境。大数据和机器学习的进展带来了走出人类中心困境的契机；而要走出人类中心的困境，人类必须首先要接受以机器为代表的对人类不透明的表征方式。“哥白尼革命首次将人类从物理宇宙的中心驱离，而现在，科学又要将人类从认识论宇宙的中心驱离。”① 也就意味着，这种认识论首先是非人类中心的，其次是表征不透明的。

在大数据哲学研究的论文中，汉弗莱斯基于深调制的机制初步解决了其在计算科学研究中遗留的问题，即为机器参与的认识建立一种非人类中心的认识论。他认为，由于把知识当作确证的真信念（Justified True Belief）的传统哲学已经不占主导地位，替代这种传统的是可靠性（Reliability）观点。关于“可靠性”观点的常见的表述形式是：“一个人 S 知道 p 成立的条件是——当且仅当：

（1）p 是一个句子；

（2）p 为真；

（3）S 认为存在一个可靠的过程从而形成对 p 的信念。②

这就意味着，一个可靠的信念的形成过程是产生高比例的真实信念的过程。由于基于信念的知识观与基于可靠性的知识观中都使用了“信念”，而一般认为，数据域中的机器如计算机等并不具有“信念”，因此从这个意义上来看，这两种观点都不适合建构以机器为中心的认识论。但是，我们可以肯定的是两种知识观中都涉及到了“表征”。

汉弗莱斯指出，实际上可以建立表征的不透明性和修改后的可靠性论证之间的联系，即“在基于信念的方法中，如果你的信念是明确的，那么知识就是透明地表征的，因为你有意识地进入了该表征。但

① Humphreys P., *Extending Ourselves: Computational Science, Empiricism, and Scientific Method*, Oxford University Press, 2004, pp. 149 – 150.

② ［美］拉斐尔·阿尔瓦拉多、保罗·汉弗莱斯：《大数据：深调制与不透明表征》，薛永红译，《哲学分析》2018 年第 3 期。

是，一旦我们有一个对人类不透明的表征，可靠性方法只需要有一个过程——能可靠地产生内部表征以准确地表征相关系统，即使这样的内部表征是人类无法解释的。”[①] 这就意味着，在大数据背景下，一种基于信念和可靠性的要求使得我们可以宣称，计算机所处理的大数据问题，允许人类不理解它是如何将其呈现给自身的，也就是允许其是不透明的。

对这种认识的接受，从知识论的角度为拉姆斯菲尔德（Donald Rumsfeld）提出的“已知的已知、已知的未知、未知的未知”的知识框架增添了第四种知识，即“未知的已知”，从而完成了知识框架的最后一个拼图，如图3—4所示。这类知识指的就是对于计算机“已知”而对人类是“未知”的。

图3—4　知识的组成

关于大数据不透明表征的认识论存在的问题，汉弗莱斯做了两个方面的说明：

第一，肯定了大数据在现代科学（包括在人文社会科学）研究中的重要价值。他对此有一段非常精辟的论述：“大数据能将社会作为一

① ［美］拉斐尔·阿尔瓦拉多、保罗·汉弗莱斯：《大数据：深调制与不透明表征》，薛永红译，《哲学分析》2018年第3期。

个整体并给出全景的描述，并且能够详细地审视其中的每一个成员，即其能作为天文望远镜和生物显微镜的双重角色而发挥作用。这种双重作用一方面增大了自然科学与人文科学之间的分界，另一方面又使二者之间的界限缩小。首先，作为生物显微镜的存在，大数据形成了对人类个体层面行为数据的事无巨细记录，丰富了人文科学在个性化维度上的资料储备，增进了人文科学对人类个体差异的深度理解。因此大数据将关注个性化的人文科学和关注一般性的自然科学之间的界限进一步扩大。其次，作为天文望远镜的存在，在人文学科中引入形式上数理化、科学化（数理统计）的科学的方法，从整体（全样本）上获得一般性的规律，从而使二者的界限缩小。”①

第二，对于大数据不透明表征所带来的危险的态度。对此，他的观点非常鲜明：既要积极地面对，又要保持足够的警惕。他说，即使大数据将人类驱离认识论宇宙的中心，人类也大可不必为此感到伤心和哀怨，反而应当为此感到高兴。他认为人类为“人工智能”贴上的“危险”的标签已经被放大了太多太多，然而历史的经验不断地向我们表明：人类在历次技术革命中都很好地适应和生存了下来，而且恰恰是在技术革命的带动下，人们的生活环境、生活方式和生存状态都发生了天翻地覆的变化和改善。因此，人类不应该对自动化技术的问题过度担忧，需要人类保持警惕的是自动化的理论与实践所可能产生的不可预测性的新事物。如果“人类不能理解机器学习所使用的表征，那么此类程序未来产生不可预料后果的可能性就会大大增加。”② 而大数据中所充斥的各种机器、数据库、算法以及自动化系统，如果它们所使用的方法、以及相关的表征不能被人类所能理解，那么我们很可能将创造一个人类不可知的神秘世界，这为人类带来了更大的挑战和机遇。

① ［美］拉斐尔·阿尔瓦拉多、保罗·汉弗莱斯：《大数据：深调制与不透明表征》，薛永红译，《哲学分析》2018 年第 3 期。

② ［美］拉斐尔·阿尔瓦拉多、保罗·汉弗莱斯：《大数据：深调制与不透明表征》，薛永红译，《哲学分析》2018 年第 3 期。

三　对汉弗莱斯大数据认识论的评析

汉弗莱斯作为计算机科学哲学的权威，对于大数据技术及其发展脉络具有非常清晰的认识。大数据与计算科学有着千丝万缕的联系，并且在某种意义上说，小写的大数据就是来自于计算科学的发展。因此，他对待大数据的态度与其在计算科学哲学方面的认识是一脉相承的，并且大数据的发展进一步验证了他早年在计算哲学中提出的建立非人类中心的认识论的必要性。

（一）价值

首先我们将汉弗莱斯对大数据认识论的研究价值概括如下：

1. 深入、系统地研究了大数据及其认识过程，并为大数据建立了一种可靠的认识论。如前文所言，国内外针对大数据的哲学研究虽然在近几年有所深化，但是总体上比较零散和表面化。而汉弗莱斯通过对大数据发展的历史线索的分析，提出了两种大数据的概念，并且以此为基础提出了数据域、深调制与不透明表征三个概念，完成了对大数据认识论的较为系统的理论架构。

2. 对大数据所做的分类——big data 与 BIG DATA，虽然其标准还具有含混性，但在一定程度上澄清了大数据认识论研究中的一些争论，也基本上厘清了大数据研究中长期存在的两种针锋相对的观点及其基本主张之间的关系。

3. 深调制概念及其机制揭示了机器参与的认识过程的认识论本质——不透明性。而对于造成不透明性的三个原因的分析则通过目前大数据实践以及伦理问题的研究得到了应证，如算法霸权、数据孤岛、知识产权等。这充分说明，他的研究抓住了大数据以及机器学习的核心，并为人们理解和克服相关问题提供了有益的思路。

4. 关于“实践上而非原则上”的认识原则。虽然哲学应当关注“原则上”的结果，但是由于“原则上”可以实现的往往在实践中是不可执行的，因此他强调哲学应当关注实践上的可行性问题，比如科学是怎样进步的？即科学是怎样在实践上拓展可知领域的边界的？为了说明这一原则的重要性，他举了一个非常生动的例子——当一个函数在原则上而不是实践上可计算的时候，无异于把100万美元放在保险柜里，并用一把无法破解的大锁锁住后放到你面前，然后告诉你说："现在你是百万富翁了！"这就将哲学尤其是大数据哲学关注的重点推向了实践。而实践正是大数据最能体现自身本质和价值的领域。

5. 关于非人类中心认识论的思想，使"自我中心困境"成为一个伪命题。自我中心困境是基于人作为认识主体，在对与其处于二元对立的客体的认识过程中所存在的不可避免的主观性所引出的。由于在计算机和数据库介入的认识过程中，人类已经不是认识的主体——虽然汉弗莱斯并没明确说明非人类中心的认识论是以机器为主体还是人机交互为主体，但总体上是将人类逐步移除出认识论的绝对中心，在某种意义上使那种所谓的唯我论不复存在。

（二）存在的问题

总体来说，我们可以将汉弗莱斯的大数据认识论划入表征主义的哲学范畴。表征主义作为数据哲学中非常有前途和洞见的一种流派，但它也面临着一些核心问题包括诸如数据能否客观表征现象？数据作为现象的表征可能会导致本体的自我隐匿？等等。汉弗莱斯的研究并没有完全避免或者解决其中的一些关键问题，特别是由于他对经验的重视使其最终不可避免地滑向了实用主义立场——他对经验和逻辑所持的态度正是这一立场的反映。我们在这里将汉弗莱斯思想中的不足之处归纳如下：

1. 对big data与BIG DATA的区分存在一定的含混性。他论证中所用的"科学"实际上仅仅指的是自然科学。而对于新兴的学科，尤其是复杂性科学、人文社会科学研究中的某些大数据研究并不能被完全划入big data这一类大数据中。因此，这种分类标准的合理性很容易遭到人们的质疑。

2. 对待"经验"与"逻辑"的不同态度。他过分强调经验的客观性和价值。如他认为对模型参数的设置这一核心问题，"只有经验方法才能确定"，并且"经验数据对精细结构的修正相当于传统上使用经验输入对模型的精确修订。”[①] 而对于逻辑，他认为逻辑作为科学的首要工具可能带来很多缺陷，并且也不适合处理科学的每一个环节。此外，汉弗莱斯并没有对其认识论中的核心概念——经验——给予详细的分析，从他的研究中我们并不能看出大数据时代的经验与传统的经验之间的区别到底在哪儿？会导致什么样的后果？由于“机器学习的规则的制定是为机器量身打造的，而非为人类”，这一特性在浓厚的经验主义色彩的非人类中心认识论框架下，引导人们如何看待“机器经验”就成了无法回避的核心问题了，由此引发的一系列问题都需要进一步的阐述。

3. 汉弗莱斯认为人们不应把自己限定在人类推理能力在不经设备辅助的情况下所能实现的东西上，而应该努力去揭示出我们天生的能力在经过理论和计算装备补充后可以实现的理性标准是什么？[②] 这代表了一种人类发展的方向，但未必是终极方向。因为不管技术多么进步，它反映的还是人的本质，是人的本质力量的再现！

4. 关于认识主体与权威的问题。汉弗莱斯认为，在一些没有任何表征的极端情况下，我们必须诉诸于传统知识的权威。但是在机器介入的情况下，人类在很大程度上已经被驱离出认识论的中心位置。但问题是非人类中心认识论的主体是什么？是机器？还是“人与机器”交互？或是没有主体？对于这一认识论的基础问题，汉弗莱斯并没有做明确回答，这就使得他试图构建的大数据认识论缺乏坚实的根基。另外，我们将知识的权威交给计算机是不是合理的？或者说，当我们将信息的处理委托给计算机的时候，我们是否能像在日常生活中遵从人类自身的知觉判断一样去遵从计算机的判断？显然，我们还需要对此做进一步的论证或理解。

---

① ［美］拉斐尔·阿尔瓦拉多、保罗·汉弗莱斯：《大数据：深调制与不透明表征》，薛永红译，《哲学分析》2018 年第 3 期。

② ［美］拉斐尔·阿尔瓦拉多、保罗·汉弗莱斯：《大数据：深调制与不透明表征》，薛永红译，《哲学分析》2018 年第 3 期。

第四章　大数据新经验主义

一　概述

2013 年，美国著名自然语言处理专家肯尼斯·丘奇（Kenneth Church）对美国计算机语言协会（ACL）从 1940 年至 2013 年的年会论文做了统计，他将论文集中主题为“经验主义”的文章所占的比例作为纵坐标，文章发表的年代作为横坐标，绘制出了一条曲线，同时按照曲线的总体趋势对未来 20 年的发展做了预测，最终获得的曲线如下图 4—1 所示。

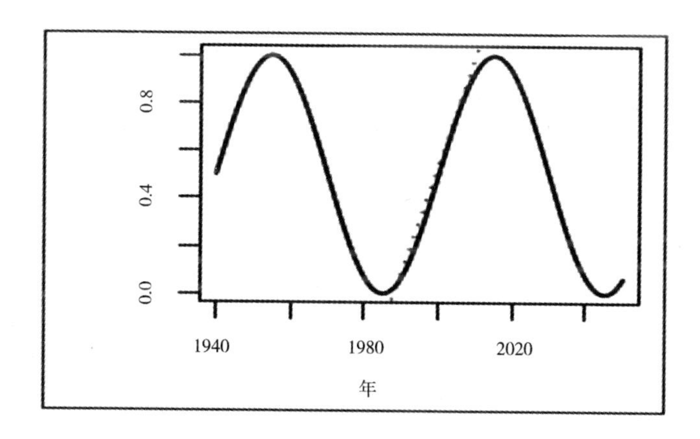

图 4—1　经验主义论文所占的比例

以“经验主义”为主题的文章所占的比例在 1940—2050 年的曲线如同一个摆动的单摆：存在波峰与波谷，并且具有周期性。按照丘奇的解读，经验主义在20世纪40年代开始复兴，到20世纪50年代末到达高峰，之后持续下滑，到了20世纪80年代末到达了低谷，之后又开始复兴。目前似乎又到经验主义新一轮的高峰期。

在最终发表的文章《摆钟摆得太远》（A Pendulum Swung Too Far）中①，丘奇指出：在人工智能的发展历史中，理性主义与经验主义此消彼长，各领风骚。他做了两个判断：其一，目前是这一波经验主义的高峰期；其二，在未来的20年里，自然语言领域的走势也将沿着这条“摆线”发展，因此，理性主义的回归还尚需时日。

在文中，丘奇详细地分析了出现这一曲线的内在原因。他指出：（1）20世纪40年代，香农、斯金纳（Skinner）、弗斯（Firth）、哈里斯（Harris）等人带动了经验主义的复兴；（2）20世纪70年代，在乔姆斯基（Chomsky）、明斯基（Minsky）等人的努力下，理性主义又得以回归；（3）到了20世纪90年代，IBM的语音技术、贝尔实验室的先进技术又使经验主义得以复兴；（4）这一轮经验主义的复兴与实用主义有很大的关系，尤其是得益于便捷的数据获取渠道和方法的出现。他说，大规模数据的出现可能是导致经验主义复兴的直接原因，因为从来没有过像现在一样丰富的文本数据。如IBM在不到十年的时间里，搜集到了数量超过一百万词的布朗（Brown）语料库；（5）深度学习、人工神经网络的发展为这一轮的经验主义浪潮奠定了坚实的基础。此外更为重要的是，这股浪潮不但将主导未来几十年的自然语言处理研究，而且还会延宕理性主义的回归日期。

对于经验主义的复兴，丘奇认为这一代研究者非常幸运，因为正好赶上了经验主义的黄金时代。我们可以采取经验主义的认识论，通过数理统计轻而易举地摘取知识之树上的“低枝果实”，而把那些高处的、难以摘取的果实都留给下一代。因此，下一代面临的都是“难啃的硬骨头”。正如丘奇所言，在自然语言处理领域，各大公司都在丰富自己的语料库，但是这些大规模的语料库有什么用呢？它的用处就在于可以

① ［美］肯尼斯·丘奇：《摆钟摆得太远（A Pendulum Swung Too Far）》，李维、唐天译，《中国计算机学会通讯》2013年第12期。

使这些公司摘取到由大数据带来的低枝果实。虽然这种工作不能解决全部问题，但它可以让我们知道做些什么事情才是有效的。[①] 最为典型的例子是2005年谷歌机器翻译系统在翻译测评比赛中以绝对优势夺得冠军。谷歌的机器翻译系统能够夺冠，不是因为它在程序设计方面具有独特的优势，而是因为谷歌在语言对译方面积累的海量数据库。[②]

很多学者认为，大数据认识论代表的就是一种新的经验主义，即经验主义在大数据时代的新形式。那么实际情况到底又是怎么样的？下面，我们将从经验主义的基本论题出发，厘清大数据新经验主义的主要观点、依据、认识论价值及其面临的挑战。

二　从经验主义到新经验主义

经验主义是一个古老的哲学流派。历史地看，对经验论的系统化、体系化的工作来自于英国哲学家洛克。以洛克为代表的早期经验论的观点主要可以概括为：一切概念，即使是数学和逻辑学的概念，都经由经验进入我们的思维[③]；一切经验知识的有用性都来自于归纳逻辑这种工具。洛克将“经验”分为两种，一种是外部的感觉，另一种是内部的反省，这两种经验都是我们所有观念的来源。外部的感觉是由人的感觉器官对于事物的知觉而形成的，如物体的形状、大小、快慢、软硬、酸甜等；反省是一种内在经验，他以心灵为对象，这类观念有知觉、思想、怀疑、信仰、推理、认识等。感觉所得到的观念在前，反省所得到的观念在后，因为反省必须以感觉到的观念为基础。总之，感官可以按照外物作用于它的方式，引起知觉的东西传入心灵从而形成观念。因此，知识就是“人心对两个观念的契合或矛盾所产生的一种知觉。”[④]

从知识论的角度来看，经验主义的主要问题在于知识的范围太狭

---

① ［美］肯尼斯·丘吉：《摆钟摆得太远（A Pendulum Swung Too Far）》，李维、唐天译，《中国计算机学会通讯》2013年第12期。

② 董春雨、薛永红：《大数据时代个性化知识的认识论价值》，《哲学动态》2018年第1期。

③ 赵月刚：《赖欣巴哈对传统知识观的批判研究》，《自然辩证法研究》2014年第8期。

④ ［英］洛克：《人类理解论》，关文运译，商务印书馆1959年版，第515页。

窄。首先，由于一切知识都源自于感觉经验，但是由于人类感知系统的有限性以及宇宙的无限性，使得两种知识获得的通道都变得过于狭窄；其次，观念本身也许比经验更为狭窄；最后，知识的范围会比观念的范围更为狭窄，因为不管是感觉的知识、直观的知识还是证明的知识，都不能超过能感觉到的事物之外的存在。[①] 因此，经验主义难免陷入所谓的“自我中心困境”。

逻辑经验主义[②]是实证主义借助现代物理学、数学和逻辑学的发展而创立的新的经验主义。它一方面遵循马赫的观点，即科学理论是通过理论术语来表征现象的规律的；另一方面遵循彭加勒的观点，即理论术语只是用来谈论现象的约定。如何为人们对世界的认识提出一种清晰而精确的经验主义理论是逻辑经验主义主要关注的问题之一。[③] 他们认为一个科学理论应该是一种公理化系统，其所用的术语有三种：逻辑和数学术语、理论术语以及观察术语。由于逻辑和数学术语只是表示现象间关系的约定，因此一切理论都是以对观察与理论的二分为基础的。理论术语是通过对应规则与观察术语获得对应的，这种对应规则一方面保证理论术语具有认识论意义，另一方面能保证理论通过一定的实验程序与现象联系起来。

作为更进一步的逻辑经验主义与早期经验主义的区别大致可以归纳为以下几点：（1）知识的基础不同——经验主义认为，知识的基础是个人的经验感觉；逻辑经验主义者则认为知识的基础是公认的实验事实。（2）对待形而上学的态度不同——经验主义认为形而上学是错误的、无意义的，因而拒斥形而上学；逻辑经验主义者则认为，形而上学并不完全是无意义的，它只是没有传达出实际知识的意义。形而上学虽不能成为知识的可靠基础，但这并不代表它是无用的。如石里克所言：“它只能充实我们的生活，不能丰富我们的知识。它只能作为艺术品来

① 张志伟：《西方哲学十五讲》，北京大学出版社2004年版，第245—245页。

② 本书对逻辑经验主义与逻辑实证主义不做严格区分（虽然二者存在一些差别），仅在最为基本的含义上使用。

③ 舒炜光、邱仁宗：《当代西方科学哲学述评》（第2版），中国人民大学出版社2007年版，第23页。

对待，而不能作为真理来评价。”（3）方法论不同——经验主义以心理分析为其方法论的基础；逻辑经验主义则以数理逻辑为其方法论工具，如逻辑经验主义的代表卡尔拉普曾用概率主义来挽救归纳逻辑。（4）经验主义把数学和逻辑看成是“最普遍的”经验科学，可以用心理和经验解释，因此经验主义把归纳的不可靠性归之于数学和逻辑；逻辑经验主义认为数学和逻辑无法、也没有陈述实在，它们只是表征公理化系统的术语，只能与符号打交道，因此数学和逻辑作为理论术语——一种约定——而存在，并且可以引入科学。（5）也是最重要的一点，相对于经验主义，逻辑经验主义自认为超越了认识论中的“自我中心困境”，如石里克等坚持认为“经验”是完全中立的，不需要专门设定一个单独的主体、自我或者心灵。石里克说：“原始经验是绝对中立的，或者像维特根斯坦偶尔提到的那样，直接感觉材料是‘没有所有者的’，因为真正的实证主义者（以及马赫等人）否认原始经验具有用‘第一人称’这个形容词来表示的作为一切‘特定经验的特征的那种性质或状态’”①，因此在他看来，“看到原始经验不是第一人称的经验，这是一个最重要的步骤，采取这个步骤才能使哲学上的许多最深奥的问题得到澄清。”②

逻辑经验主义虽然作为一个成熟的哲学流派在上世纪取得了很大的成功，但是也存在一些难以解决的问题，如：（1）对观察和理论作了有意义的区分，但是没有看到观察和理论之间存在的复杂关系，后来人们所发现的“观察渗透理论”是其面临的主要危机。（2）划界标准的问题。波普尔认为“可实证性”标准并不可靠，比如有些理论不能在逻辑上归化为单称的经验陈述，如对多维空间、弦理论等都无法获得实验观测的基础，但是这并不影响其科学性。此外那些没有科学依据的如占星术、超自然力、理性宗教等会因得到了经验证实而混入科学。（3）逻辑的问题。逻辑经验主义试图用静态的逻辑来建构关于复杂世界的认识论，这本身就是有极大的局限性的，因为世界本身就是斑杂的，具有

① 杨生平：《从逻辑经验主义看“自我中心困境”》，《江西社会科学》1995 年第 6 期。
② 洪谦：《逻辑经验主义》（上），商务印书馆 1982 年版，第 57 页。

演化的特征。（4）最大的问题也是所有经验主义都存在的问题，即坚决地排斥了形而上学。科学史表明，形而上学的讨论在一定条件下会转化为科学，如德谟克利特的原子论、毕达哥拉斯的“万物皆数”的观念等，都在很大程度上推动了科学的发展。

新经验主义或称实验主义作为20世纪80年代以来出现的一种新的哲学流派，强调“经验”的独立性地位是其最大的特点。一方面，他们认为经验是通过严格的实验操作获得的；另一方面，他们认为经验不是理论构建或者检验理论的目的性存在物，它有自己的生命。A. F. 查尔莫斯（A. F. Chalmers）曾指出：“新经验主义在一点上即经验的生命上是正确的，亦即他们坚持认为把每一次实验都当作回答理论所提出的问题的尝试是错误的，因为这低估了实验的作用，实验可以具有自己的生命。”[①]

为了挽救经验主义遇到的认识论问题，他们认为只要实验者掌握了有效的实验技术，可以通过一种健全的机制和可信赖的并且独立于理论的方式来证实实验知识，如德博拉·梅奥（Deborah Mayo）竭力证明的，将误差统计学应用于受控实验，以使实验结果具有很高的某种特定结果的概率等。为此，新经验主义者提供了相当多的认识策略，最典型的如凯特威尔所给出的10种策略，如表4—1。[②]

最好的理论是能够经受严格的实验检验的理论，并且把某一试探性理论主张的实验检验理解为：如果该主张有错误，则它经受不住检验。这样一来，首先，新实验主义提供了另一种科学的进步观，即科学的进步是实验知识的不断积累；其次，由于提供了一种对理论的比较的内涵，即“实验可以对截然不同的理论的比较产生影响”[③]，因此它

① ［英］A. F. 查尔莫斯：《科学究竟是什么》（最新增补本），鲁旭东译，商务印书馆2018年版，第238页。

② Franklin A.，“The Role of Experiments in the Natural Sciences：Examples from Physics and Biology”，In T. A. F. Kuipers（ed.），*General Philosophy of Science Focal Issues.* Springer Netherlands，2007，pp. 219 – 274.

③ ［英］A. F. 查尔莫斯：《科学究竟是什么》（最新增补本），鲁旭东译，商务印书馆2018年版，第237页。

表 4—1　认识论策略在进化生物学中的例子

来自于凯特威尔的认识论策略的例子		
1	实验的检查和校正作用，其中实验仪器可以再现已知的现象	使用计分实验以验证提出的计分实验是可行的和客观的
2	再现确定存在的已知事物	分析重新捕捉的本地蛾子数量的数字
3	消除似是而非的误差来源，选择实验结果的合理解释	使用的天然屏障，以尽量减少迁移的解释
4	利用实验结果验证自身的有效性	拍摄鸟类捕食的飞蛾
5	使用一个独立的，充分证实的现象的理论，解释实验的结果	使用福特的工业黑化的覆盖的理论
6	使用已被充分证实的理论为基础的实验仪器	使用费舍尔（Fisher），福特（Ford）和谢泼德（Shepard）技术［这种标记-释放捕捉的方法在之前的几个实验中已经被使用］
7	使用参数统计	使用和分析大量的飞蛾
8	使用“暗箱”分析，避免实验者可能的主观偏见	没有使用
9	干预，其中实验者操作观察下的客观对象	不存在
10	使用不同的实验独立确认	使用两种不同的方法重新捕捉飞蛾

实际上也接受科学中的间断性，即科学革命。因此，新经验主义者们很好地融合了科学积累与科学革命的科学观，可以认为他们继承了实证主义与库恩的历史主义的科学进步观。另外，由于他们强调实验检验严格的程度，因此与波普尔所持的朴素证伪主义的观点——“只要被证伪，就拒斥”相比，新经验主义的主张与科学的发展的实际更接近。

按照新经验主义的看法：（1）实验和理论可以独立，其最低标准是：如果观察所依赖的一组理论与关于研究对象的事实互不纠缠，那么它就是观察而非推论[1]，比如用显微镜观察细胞结构，制造显微镜的光学理论并不与细胞的理论纠缠，因此这种观察就是独立的。（2）理论可能帮助人们来理解，但是人们也可以在经验上忽略这一效应。（3）观察并不只是看，而是要干预、实践。“实践培养了区分因为准备工作或仪器而带来的可见的人为产物以及显微镜会看到真实结构的鉴别能力。”观察和操控很少负载任何物理学理论，物理学完全独立于要研究的细胞或者晶体。[2]（4）存在单一的实践即观察。我们选择相信显微镜的成像不是因为理论，如果是这样，那么怎么解释用不同的理论所制造的仪器呈现同样的物质结构的现象呢？我们之所以能相信细胞，不是因为那些关于细胞的相关知识和理论——因为在当时，这样的细胞理论还没有出现，而是因为那些已经大量存在的低层次、互相缠绕的概括，使得我们能借助于显微镜的观测能力，有效地实现对观测现象的控制。我们选择相信的部分信心，来自于我们多年来在技术上系统地消除了像差和人为误差方面所取得的成功；是因为我们能清楚地理解用于制造科学仪器的物理学。借助于这些科学仪器，我们看到了以前看不到的但是客观存在的现象。其中，理论确证对我们相信我们所看到的东西为客观存在所起的作用并未起到决定性作用，相反，作用非常小。[3] 因此，只存在单一的实践即观察。（5）观察只是实验室工作的一个方面，另一个方面就是实验者必须善于观察——敏感且警觉，善于观察的人才能让实验进行下去。因此，实验科学的哲学不容许理论优位的哲学把“观察”这一概念弄的疑窦丛生。[4] 如阿兰·富兰克林（Allan Franklin）通过对第五种力、斯特恩盖拉赫实验、电子的双散射实验等的阐释，说明理论与实验之间是一种复杂的关系。这些实验案例表明，实验结果可能会与

---

① ［英］伊恩·哈金：《表征与干预》，王巍、孟强译，科学出版社 2010 年版，第 149 页。

② ［加］伊恩·哈金：《表征与干预》，王巍、孟强译，科学出版社 2010 年版，第 154 页。

③ ［加］伊恩·哈金：《表征与干预》，王巍、孟强译，科学出版社 2010 年版，第 169 页。

④ ［加］伊恩·哈金：《表征与干预》，王巍、孟强译，科学出版社 2010 年版，第 149 页。

理论发生冲突，甚至实验结果可能是错误的；理论的计算可能是错误的或者是正确的理论被错误地应用；甚至有的案例中实验和理论都是错误的。因此，他认为："实验结果在物理学中起了很多重要的作用，我们已经讨论了几个作用，但是，它们肯定不是全部的作用。"但是他确信"如果认识论能够为相信实验结果提供合理的依据，那么实验就能够合理地发挥我前面讨论的那些作用，并且为科学知识提供一个基础。"①

对于理论，哈金认为理论至少有六个不同的层次，其演绎能力、普遍性以及思辨上都不尽相同。南希·卡特赖特（Nancy Cartwright）宣称，理论本身不包含真理，理论帮助我们思考，但是它只是表象。② 按照通常的看法，我们写下的方程，是为了避免混乱做了近似处理，也就是方程是对现象的近似处理，这种近似是偏离真理的。但是卡特赖特认为更多的近似是朝向真理的。她说："自然律关于描述实在的事实，是一个乏味的观点。"物理定律并没有提供一个关于实在的描述，物理定律都是在特殊的人工环境中通过一定的律则制作出来的，因此它仅仅对于模型中的客体是正确的。因为物理学方程"不支配实际对象，它们支配的只是模型中的对象"。③

对于传统认识论的现象定律和理论定律的关系，卡特赖特给出了独特的见解。她认为"理论到实在的途径是从理论到模型，然后再从模型到现象学定律。现象学定律对于现实中的客体是（或者可能是）真正正确的；但是基本定律仅仅对于模型中的客体是正确的。"④

新经验主义对实验的强调，以及将科学的增长看成可靠的实验知识的积累，并且能为科学革命提供有益的辩护，因此其对于传统的哲学尤其是逻辑经验主义以来哲学中的问题能提供很多有益的思路。正如查尔

---

① Franklin A., "The Role of Experiments in the Natural Sciences: Examples from Physics and Biology", In T. A. F. Kuipers (ed.), *General Philosophy of Science Focal Issues*. Springer Netherlands, 2007, pp. 219–274.

② ［加］伊恩·哈金：《表征与干预》，王巍、孟强译，科学出版社 2010 年版，第 174 页。

③ ［美］南希·卡特赖特：《物理定律是如何撒谎的》，贺天平译，上海科技教育出版社 2007 年版，第 92 页。

④ ［美］南希·卡特赖特：《物理定律是如何撒谎的》，贺天平译，上海科技教育出版社 2007 年版，第 3 页。

莫斯所言，新经验主义以一种非常有益的作用使科学哲学变得脚踏实地了，而且是对过分地依赖理论的方法的一种矫正。但是其问题在于：第一，他们对于理论在科学中的地位并没有给出合理的说明。哈金等人提供的例子只能作为反对强的理论优位的观点，科学史中有大量的在理论指导下完成的实验，最典型的如爱因斯坦广义相对论中对光线偏折的预言的实验证实、希格斯玻色子的发现等等。因此，查尔莫斯认为，把新经验主义当作我们关于科学的特征问题的圆满解答，那是极其错误的，因为实验并非如他们所宣称的那样，已经到了不依赖理论的地步[①]：实验有生命，理论亦有生命。第二，新经验主义在发展后期所兴起的科学实践哲学将理论优位彻底地转向为实践优位，最终必然导致对科学知识的普遍性的质疑与消解，因为原则上无法将在实验环境以内获得的知识扩展到实验环境以外的其他地方。因此，必然导致“一切知识都是地方性的”结果。如果科学知识是地方性的，那我们怎么理解我们对科学知识的应用呢？虽然卡特莱特用均同性条件和律则机器为此作辩护，比如她说：“我反对无条件的、在范围上不受限制的定律，定律需要律则机器来生成他们，并在机器正确运行的情况下成立”[②]，但是这种律则机器如何可能？第三，如果实践优位的观念成立，那怎么回答李约瑟难题？中国古代就有非常发达的技术和实践知识，但为什么没有产生理论科学？

三　经验主义与自我中心困境

“自我中心困境”是由美国哲学家培里（R. B. Perry）首先提出的，用来批判认识论中的将认识对象仅仅看成存在于认识主体意识之中的而不是独立存在的这类哲学思想——比如认为月亮在人不看它的时候是不存在的——本质上就是指认识主体不能将自身排除在认识关系之外而达

---

① ［英］A. F. 查尔莫斯：《科学究竟是什么》（最新增补本），鲁旭东译，商务印书馆2018年版，第238页。

② ［美］南希·卡特赖特：《斑杂的世界——科学边界的研究》，王巍、王娜译，上海科技教育出版社2006年版，第69页。

到对事物的认识。培里将自我中心困境的内容归纳为四个困境。第一个困境是，处于认识内的对象与认识外的对象无法相比较。第二个困境是，认识主体无法就同一对象与他人进行沟通，后来这被称为主体间性——“我心”与“他心”的问题。第三个困境是，认识主体无法摆脱认识关系去认识事物。第四个困境是，一旦消除了认识关系，意味着认识活动的中断，认识对象也将一并失去。[①]

对于自我中心困境的实质，培里认为它肯定是方法论层面上的困难。因为在原则上，一个人“无论他所说出的任何事物，事实上，是作为他的观念、认识或经验对象，而跟他发生着关系的”[②]。所以，我们做不到在不打断观察的情况下把认识主体从认识过程中抽离出来，因此这种困境在本质上就是方法上的困境。然而，自我中心困境可能是认识论中心主义的必然产物。认识论中心主义是指将认识论先定为一切科学的基础，任何关于实在的理论都由认识论提供，认识论是哲学的中心，哲学其实就是认识论。[③] 而这种认识论中心主义所坚持的，对研究认识的性质的研究，就能认识和揭示实在，这种观点实际上是要将客观的外部世界幽闭在人的意识内部，从而不可避免地陷入自我中心困境。[④]

由于经验主义承认世界有本源，并且通过人的认识能把握世界的本源，因此不可避免地陷入“自我中心困境”。因为他们一方面承认有客观的外部世界存在，但是又认为人们只能认识经验世界，这显然是自相矛盾的。休谟就指出，我们既然假设心与物是两种十分相反，甚至于相矛盾的实体，那么物体以什么方式把它的影像传达到人的心灵，是最难解释的一件事。[⑤] 贝克莱提出“存在即感知”，也并没有克服这种自我中心困境，因为其逻辑基础是取消了外部的客观世界，只保留了一个经

---

① 赵光武：《走出自我中心困境》，华夏出版社 1997 年版，第 13—17 页。

② ［美］培里：《现代哲学倾向》，商务印书馆 1962 年版，第 127—128 页。

③ 王德：《走出自我中心困境——关于当前认识论研究中的一点意见》，《哲学动态》1996 年第 1 期。

④ 黄书进：《论“自我中心困境”问题的内容、实质及其意义》，《江西社会科学》1995 年第 4 期。

⑤ ［英］休谟：《人类理解研究》，商务印书馆 1957 年版，第 135 页。

验世界，这显然是有问题的。

逻辑经验主义试图以逻辑与经验的可实证性为基础，消除认识过程中的主观性，为知识建构一个科学、稳定的认识基础，从而超越或者突破自我中心困境。在逻辑经验主义者看来，存在绝对的中立的经验基础，这些经验材料完全不需要预先假定一个主体，这种经验基础的可靠性保证来自于可证实性。在此基础上，通过逻辑和数学，便可以达到对外部世界的认识。因为逻辑是一切知识的可靠基础，是不需要证实的先在的客观真理。马克思主义认为，逻辑是在人类长期的历史实践中逐渐形成的，逻辑在产生之后，就立刻以思维形式的方式出现，从而指导人类认识与实践。与此类似，逻辑经验主义者将逻辑作为判别命题有无意义的标准。

虽然逻辑经验主义试图以科学的认识过程来克服自我中心困境是极具价值的，尤其是其对经验可证实性的标准的提出以及对数学和逻辑的重视。因为这种限定，必然会在很大程度上克服人们在认识过程中所表现出来的主观（体）性。但是后期关于“观察负载理论”的提出以及世界万物在发展和演化过程中表现出的复杂性等，实际上都动摇了逻辑经验主义的两个根基。一方面任何认识都离不开一定的主观性，另一方面将逻辑当成先天的不证自明的存在显然是有问题的，即使是不证自明的，但是传统逻辑体系都是静态逻辑，即逻辑体系中不含时间变量，因此对于处理具有演化特征的复杂系统问题无疑具有极大的局限性。

新经验主义对“观察负载理论”这个现代哲学的认识和教条提出质疑，如哈金等人通过对具体实验案例如显微镜、赫谢尔的热辐射等研究，得出很多实验是在没有理论的情况下进行的。因此他认为，实验有自己的独立性、价值与生命，实验不是理论的附属物，脱离了理论，实验亦有自己的生命。新实验主义对实验的重要性的强调，以及所推动的科学实践在哲学中的回归，无疑对纠正长期以来的理论优位的科学哲学观有积极的意义。由于强调实验和科学实践的重要性，以及实验过程的干预措施，使得主体在认识过程中的主观性能得到排除，并且使主体与客体以实践（实验）干预作为中介紧密联系起来，主客并不是完全独立，而是相互依赖的，主体是以一种积极主动的模式与客体相互作用，这就使由“主客完全绝对独立”而导致的自我中心困境失去了重要的前提。因为人们认识的现象乃是主体与客体作用过程中客体所呈现出的“现象”的统一体，由处于相互作用中的主、客共同产生。因此，可以说现象就是本质，自然界就是现象的总和。此外，由于自我中心困境与哲学中的认识论转向有关，即哲学从本体论转向认识论后，试图从认识关系中确立本体的地位，而新经验主义将以认识论为中心的哲学转向以实践为中心的哲学，因此如培里所认为的，长期以来的认识论中心主义不可避免地导致自我中心困境的原因在新经验主义中是不复存在的。

四 大数据新经验主义基本观点

（一）大数据新经验主义

大数据新经验主义是以新经验主义哲学思想为理论基础的一种看待大数据的思想体系。大数据由于其本身的特征使其并不仅仅是现象的表征、证据以及理论的产物，大数据已经超越了语境或特殊的知识范围，大数据使得人们可以“用‘经验’来代替‘叙事’”[①]，因为大数据本身就具有内在的意义和真理性。

在第二章我们已经提到了基钦对大数据经验主义的归纳：（1）大数据可以捕获整个域并提供完全细粒度的数据；（2）不需要先验的理论，模型或假设；（3）通过不可知论的数据分析，数据可以自己说话，并且不带偏见和理论框架；大数据内部的模式和关系是固有的、有意义和真实的；（4）存在脱离情境的特定知识，这些知识可以被会使用统计分析或数据可视化的任何人实现；（5）大数据正在创造一种新的科学模式，其工作方式本质上是纯粹的归纳性。基钦对新经验主义的承诺逐一进行了反驳，比如针对第一点，他说，虽然用大数据技术可能获得全样本的数据，但是这些数据只是提供了一个“寡”视角（Oligoptic

① Rieder G., Simon J., “Big Data: A New Empiricism and its Epistemic and Socio-Political Consequences”, In P. Wolfgang, etal.（eds.）, *Berechenbarkeit Der Welt: Philosophie Und Wissenschaft Im Zeitalter Von Big Data*, Springer, 2017, pp. 85-105.

Views)，因为大数据不可避免地使用了有利的观点以及特定的工具，而不是采用一个全域的上帝之眼——数据绝不是以中立的、客观的方式从对象中抽离出来的。对于第二点，他说，大数据并不是从“无”中产生的，人们专门设计系统以捕获某些类型的数据，使用的分析方法和算法也是基于传统的科学推理，并且通过科学测试被不断地改进。因此，想在科学的真空中产生识别数据中的模式是不可能的。大数据各项任务的实现必须依赖先前的发现、理论和方法。对于第三点，他反驳道，正如数据的获得不能离开理论一样，数据也不可能不夹杂人类的偏见而脱离某种框架地表达自己。数据的意义总是框架化的，因为数据是通过特定的“透镜”被检验的，这些透镜也影响数据如何被解释，即使这个过程是自动化的，用于数据处理的算法也被嵌入价值并且在特定的科学方法中被语境化。此外，大数据中发现的“模式”并不是有固定意义的，因为大数据发现的相关关系本质上是随机的，缺乏或者几乎没有因果联系。对它们的解释可能会产生严重的谬误，但是这种寻求相关的模式在新经验主义框架下可能会加剧。对于第四点，基钦认为，这是一些计算机科学家、数据科学家以及物理学家等在参与社会科学和人文科学研究方面时所表达的一种自大的声音。实践表明，科学家参与的社会科学研究往往忽视社会科学的基本理论，在量化和建模过程中忽视文化、政策、政治、治理以及资本的力量，最终导致其结果只能是对社会问题的一种简化的功能主义的解读。关于第五点，他论证道，关于新经验主义的观念已经得到了很多的关注，并且在商业以及社会领域有很多的拥趸。因为在新经验主义的框架下，大数据提供了一种可能性，即在没有科学理论的情况下，获得有见地的、客观的洞见和知识，同时能有效地对偶然性实践进行预测以及获得有效的解释。最为关键的是，与传统的科学的认识方法相比，花费的成本都非常低廉。即使有这么多好处，“新经验主义的表达就像一种话语修辞，旨在简化更为复杂的认识论方法，并使商家相信大数据分析的实用性和价值。”[①] 大数据作为极具

① Kitchin R.，“Big Data, New Epistemologies and Paradigm Shifts”，*Big Data & Society*，2014，Vol. 1 (1)，pp. 1 - 12.

"颠覆性"的创新，提出了一种新的科学方法的可能性，但这种方法的形式还没有形成。

哥本哈根大学的格诺·里德和朱迪丝·西蒙（Gernot Rieder & Judith Simon）等人认为，基钦对大数据经验主义认识论的概括非常全面。他们对基钦所说的新经验主义作为一种话语修辞以及大数据作为新经验主义的范式有更为深入的论述。[①] 他们认为，大数据经验主义是基于四种假设：第一种假设认为大数据是全样本数据，因此研究人员能够整体性地"全面了解"以及不需要通过还原法去认识世界。这种整体性（1）比其他形式的研究更具包容性和代表性；（2）在"数据越多越好，结果越准越高"的意义上，对数据的分析将越深入细致；（3）更直接且不需要中介，因为它揭示了"人们实际做了什么，而不是他们说了什么"。第二种假设认为，如果数据量足够的话数据本身就能说明问题，用经验可以代替叙事，并且不需要先验理论。传统的假设、模型、测试的科学方法变得陈旧，先进的算法是解决科学无法解决的问题的有力模式，科学的注意力从寻求从因果性转移到发现统计相关性。因此，计算机和数据科学被认为是这一新研究范式的主要角色。第三种假设是，数据不仅能自己说话，并且本质上也是公正和客观的，因为在决策过程中可以消除偏见，用数字代替直觉以及完全的自动化对人们的"主观判断和预感"能起到矫正作用。算法的客观性承诺，提升了现代数据分析争取平等的强大力量，即在很广泛的领域反对歧视并保证赋予弱势群体平等的权力。过程的自动化和机械化程度越高，分析过程和结果越不会被研究人员的主观性所污染。第四，大数据为不确定世界提供了相当的确定性。确定性的承诺一直是技术行业的追求与标志。大数据方法不会被海量数据淹没，而是可以不断地发现噪声中的信号——像大海捞针一样提高"节点"的精准性。其实，上面的观点可以更简洁地归纳为鲜明的四点：（1）万物皆可计算；（2）大数据代表所有；（3）大数据没有偏见；（4）大数据方法具有高度的确定性。

---

① Rieder G. , Simon J. , "Big Data: A New Empiricism and its Epistemic and Socio - Political Consequences", In P. Wolfgang, etal. (eds), *Berechenbarkeit Der Welt: Philosophie Und Wissenschaft Im Zeitalter Von Big Data*, Springer, 2017, pp. 85 - 105.

但是，也有相当多的人对上面的观点提出了不同意见。西蒙等人认为，大数据经验主义的大胆主张可能会在认识论的基础方面以及它们的社会政治后果上遭到质疑。首先最为明显的，即便是在大数据技术特别发达的情况下，大数据也不可能代表所有。其次不能根除大数据对先验理论的需求，算法会延续创作者的偏见，并且还会从数据学习中学习偏见。所以，虽然大数据在客观、中立以及对于公平、公正方面做得更好，但是大数据似乎被神话了，因为我们无法抵制大数据带来的知识的偏见，我们可能进入“新的万神殿，里面矗立着各种新奇的神。”[①] 最后大数据的预测也不是完全确定的，只不过是使处理问题的范围、跨度和视角变得很狭窄，从而缩小了我们知识的不确定性而已。因此，在这种背景下，我们要追问：“被现代计算的力量和可能性所迷惑，把我们的信仰放在越来越广泛的预测分析的准确性上，会有什么危险？以及“如果社会终将要走数字化‘奴隶制’的道路，那么成本是什么？”[②] 总之，如美国数据科学家凯西·奥尼尔（C. Oneil）所说的，大数据是一种强大而具有影响力的工具，既可以作恶也可以行善，大数据模型的主要问题在于“不透明、大规模和危害性”。[③] 这就要求一种负责任的文化需要更多地意识到由数据驱动的社会可能存在的危险和隐患——由于“算法治理”变得越来越普遍，关于算法监管政治的公众对话和成为“软件社会公民”等都意味着什么？因此，在大数据经验主义畅行的今天，它已经变成一个至关重要的话题，特别地，我们需要的是“认知警觉”，而不是盲目的“数据信任”。

除了国外学者的研究，国内的一些学者也关注到了大数据与新经验主义的问题。南开大学贾向桐教授认为，大数据新经验主义的认识论意义，可以概括为两个“肯定”：（1）大数据新经验主义重新肯定了经验的价值。他认为，大数据不需要理论便能自己发声，这正是在重新肯定

---

① Mireille H.，*Slaves to Big Data. Or Are We?*，https：//repository. ubn. ru. nl/bitstream/handle/2066/119975/119975. pdf.

② Mireille H.，*Slaves to Big Data. Or Are We?*，https：//repository. ubn. ru. nl/bitstream/handle/2066/119975/119975. pdf.

③ O'Neil C.，*Weapons of Math Destruction：How Big Data Increases Inequality and Threatens Democracy*. Crown Publishing Group，2016，pp. 12.

经验在认识论中的基础性地位。由于数据所蕴含的意义超越了具体的语境以及相应的知识范围，这在一定程度上表明，大数据本身就具有“内在的意义和真理性”。因此，经验数据自身是自足的，它是科学研究和认识的基础和中心。大数据主义者最常用的表述就是：“推动科学发展的是数据，而非理论或假说……新的科学发现将会因为我们累积的大数据而产生”，这无疑是对经验的地位和意义的重新肯定。（2）大数据新经验主义肯定了以归纳法为特征的科学方法论的意义。传统科学观认为，科学本质上是纯归纳的，而在大数据主义者看来，大数据认识路径的核心是使用归纳推理的原则：“归纳推理通常总是未完成的，推理的结果更可能的是改变已经做出的推理，有可能继续没有止境的推理，最佳归纳规则是进化的。”① 因此，归纳法是“数据驱动”的科学在方法论上的基本含义，这就在某种程度上扭转了“观察负载理论”的观念，即通过大数据的认识实践，重新肯定了经验的根本意义和独立价值。

华南理工大学的齐磊磊教授将大数据经验主义概括为三点：（1）大数据使理论终结；（2）相关代替因果；（3）世界的本质是数据的。她认为，由于大数据经验主义是经验主义的重生，因此本质上可以称之为一种新的经验主义。② 这种新经验主义的重生是以卡特赖特和哈金等人为代表的新经验主义在大数据中的复兴，因此与新经验主义的基本论点是相互契合的。

结合上述讨论，我们可以对大数据新经验主义的观点简单地概括为以下三点：（1）大数据具有超越语境或特殊的知识范围的典型特征，因此，大数据本身就具有“内在的意义和真理性”，并因这种特征而具有相对的独立性和生命。（2）大数据在很大程度上可以不需要理论的介入，即数据在来源、捕获、存储、分析与处理等各个环节都可以脱离特定的理论知识。（3）探求相关关系是大数据的核心目的之一，因为相关性是关于现象的定律，它对于现实中的客体来说，是唯一可能正确的关系。

① 贾向桐：《大数据的新经验主义进路及其问题》，《江西社会科学》2017 年第 12 期。

② 齐磊磊：《大数据经验主义——如何看待理论、因果与规律》，《哲学动态》2015 年第 7 期。

（二）大数据主义与大数据新经验主义

在关于大数据经验主义的相关文献中，通常存在一种倾向，即将“大数据主义”与“大数据（新）经验主义”混用，或者说他们的指称是同一的。但就具体含义来说，大数据主义与大数据（新）经验主义之间也存在着很大的差别。大数据主义是一种很强的经验主义，它与大数据新经验主义最大的不同在于将数据“神化”，在本体论层面，大数据主义认为世界的一切都来源于数据，数据就是世界，世界就是数据，数据统领世界；在认识论方面，大数据主义强调认识了数据及其关系就认识了世界；在方法论层面，认为统计学是解决数据问题的灵丹妙药。在大数据主义的视角下，有关宇宙的哲学是“一种相关的变量系统的哲学观。”①

显然，这种大数据主义观点的哲学来源，明显地沾染着毕达哥拉斯主义的痕迹，即人们将宇宙的本原与抽象的数字联系在一起，认为形形色色的现象都包含着数量的关系，于是就逐渐产生了“万物皆数”的朴素自然观。16 世纪以来，人类对自然的数学化所取得的巨大成功，使得定量化、数学化成为人类认识客观世界和客观规律的重要方式。物理学能从思辨的自然哲学中分化出来而成为一门新科学，主要原因就是牛顿将数学方法应用到解决自然哲学的问题如相互作用、运动、时空等方面，并取得了空前的成功。物理学的成功所导致的结果之一，就是使人们对定量化、数学化的追求形成为近代自然哲学中的一种运动和风气，并逐渐确立了如马克思所说的“衡量一门科学是否成熟和完善的标志之一”②。到了 19 世纪，随着机械决定论的式微，特别是人们在关于偶然性的研究方面建立起了概率与统计学的理论，人们在一定程度上“驯服了偶然”——统计理论的出现并非是人们对自然的控制力有所下降，而是相反表明了人类对世界的控制力越来越强，因为我们“收集更多的数目字，就会得到更多的规律。”③ 20 世纪 40 年代以来，计算机

---

① ［加］伊恩·哈金：《驯服偶然》，刘钢译，商务印书馆 2015 年版，第 291 页。

② 刘大椿：《科学技术哲学导论》，中国人民大学出版社 2005 年版，第 306 页。

③ ［加］伊恩·哈金：《驯服偶然》，刘钢译，商务印书馆 2015 年版，第 93 页。

的出现以及迅速发展，使“计算”的概念有了深刻的变化，可计算的范畴、计算的速度都有了质的飞跃，“宇宙是一部计算机”，万物皆可数据化、皆可计算，甚至连心灵本质上都是计算的，等等，这一系列的计算主义的经典的口号都是毕达哥拉斯主义的新的表现形式。随着大数据技术的不断发展，以及各行各业出现的颠覆性的创新，使这一古老的哲学命题又焕发出生机，“大数据主义”应运而生！

齐磊磊教授从科学哲学的角度归纳了大数据经验主义的内涵，认为提出“大数据经验主义”概念是对时代特征进行哲学反思的产物，具有可追溯的学术渊源，这是对大数据认识论的一个重要概括。但是她将大数据主义看成一种较弱的经验主义，我们认为这是一种误解。黄欣荣教授在大数据的有关研究中[①]，将“大数据经验主义”简称为“大数据主义”即将二者画等号，对于这一问题，齐磊磊的看法是：“‘大数据经验主义’这个提法具有自身的独特性，是不该简称也不能简称，当然也是不能用其他概念代替的。”[②]

“大数据主义”是（强）计算主义在大数据领域的表现。一方面，大数据大量、多样、快速等特征为“万物可计算”提供了技术基础和逻辑前题；另一方面，“计算”这一概念经过发展涵盖了一切基于大数据的分析和处理的技术方法。布鲁克斯将“第四范式”的哲学就看作一种大数据主义，其原因就在于“第四范式”是大数据与计算的深度结合。因此，大数据主义虽然与大数据经验主义有联系，但是存在天然的区别，不能将二者混淆。

五 对大数据新经验主义的评析

（一）“经验”的演变

如前所述，从早期经验论、逻辑经验主义再到新经验主义，“经验”这

① 黄欣荣：《大数据主义者如何看待理论、因果与规律——兼与齐磊磊博士商榷》，《理论探索》2016 年第 6 期。

② 齐磊磊：《大数据主义与大数据经验主义——兼答黄欣荣教授》，《山东科技大学学报》（社会科学版）2018 年第 2 期。

一核心概念的内涵也在发生着本质性的变化：早期经验论将经验视为人的感官对对象的反映，逻辑实证主义将其视为受控实验获得的可证实性经验，新经验主义则强调实验经验的独立性与生命，其实隐藏在其间的主题是机器直接介入了认识，并且机器的功能不断地进化。在逻辑经验主义框架下的机器只是对人的感官系统的放大，当在证明这些延展了人的感官系统的仪器可以客观反映对象的时候，其经验本质上还是以人为主体的。新经验主义强调了实验经验的独立价值与生命，侧重于强调人与机器之间的实践关系。因此，新经验主义的经验主体已经不是独立主体，是人与机器的共同主体。因为要强调实验的生命，人与实验仪器缺一不可。但是新经验主义并没有对实验仪器进行划分，因为实验室的常客——计算机——不同于传统的机器，它可以放大人的计算能力。如果按计算主义——宇宙就是一架计算机——的观念，意味着经验的主体就是计算机。

因此，在经验主义的演变中，隐藏着一个重要的事实与主题，即经验主体的变化——经验的主体经历了某种从人到“人与机器”再向机器的转移。到了大数据时代，这种主体的转移更为明显，因为从第二种大数据的角度看，首先，数据的产生、捕获、存储过程中，人不再是主体。比如，对人类使用互联网的数据捕获行为，本质上是计算机对人在互联网上的行为的历时性、真实性的反映。这种行为其实在计算机引入科学研究以来就已经发生了，但是在大数据时代能凸显其独立性的原因在于，大数据的另外一个特征——自动化。自动化意味着不需要人的直接介入和参与。

从这个意义上说，大数据新经验主义所承诺的大数据所具有的超越语境与知识的意义与价值是可以接受的。因为数据本身就是人在互联网中的真实行为，这种行为通过计算机、数据库而反映。

总体上来说，大数据经验主义看到了新经验主义对理论的态度，以及实验与理论的相对独立性，没看到的是经验的主体已经不是人类。人类已经被排除出认识论的中心，取代人的是迅速崛起的机器，包括传感器、实验仪器、计算机、存储器、互联网等，而这些问题在汉弗莱斯的理论中已经被明确地提出来了。

（二）理论会终结

大数据会不会使理论终结呢？从句法以及问题本身来看，“理论是否终结”这一问题中起码包含了两个层次的意思：其一是大数据研究需不需要相关理论的指导或者以相关理论为依据；其二是当人们有了足够好、足够完备的大数据后，是不是意味着再也没有必要去建构理论了，因为按大数据主义或者激进的大数据流派的看法，大数据可以直接告诉人们一切。很显然，对这两个层面意思的区分是必要的。如前所述，在大数据背景下，数据的产生、数据的收集、数据传输、数据的存贮、数据的挖掘、数据的分析和处理等，都离不开理论，没有理论的进步，比如没有数据库理论的发展，人们对数据的处理就不会达到现在的水平。当然，大数据主义者对此可以提出辩护，他们会认为这些只是关于数据科学的理论，大数据很显然需要关于数据的科学理论，但大数据不需要的是数据理论之外的，与研究对象有关的内在的机理性的理论。我们认为，数据科学理论也不是空中楼阁，理论与理论之间存在着复杂的相互关系。数据科学理论也包含着内在的机理性的理论，如经典统计理论的发展与自然科学的理论尤其是分子运动理论之间的关系就是一个典型的例子。因此理论——不管是数据理论还是科学理论，都必然存在于大数据的各个环节。而对于有了大数据，建构新的理论还是否必要的问题该做怎样的回答呢？

我们首先来追溯这一问题的背景。大数据的发展已经表明，大数据在众多领域包括经济、社会、文化尤其是科学研究（包括自然科学和人文社会科学）等方面都能显示出其独特而有效的一面。正因大数据分析结果的有效性，使一些人产生对大数据的无限崇拜，进而产生了只要有相关性，就不再需要理论的看法。因为通过大数据得到的相关性，人们就可以进行有效的预测和控制等。有人甚至宣称：大数据“可以生成惊人准确的结果，因为每一个数据点都可以被捕捉到，因此可以彻底淘汰掉过去那种抽样统计的方法，而不用再寻找现象背后的原因，即只需要知道相关关系，不再需要科学或模型，理论被终结了。”[①] 当然也可以看出，持这种认识的大数据经验主义者并不直接否认大数据的理论渗透。他们所强调的“理论的终结”其实指的就是第二个层面的问题：即在大数据背景下，再不需要去建构理论解释。总之，数据本身可以发声，即人们可以从完备的数据集中找到相关性，相关性才是事物发展的根本，于是科学家再也没有理由和必要——如同传统的理论研究一样——通过数据寻求因果机制进而建构理论解释了。

如我们在第二章已经指出的，对这一问题的看法存在两种倾向，一种是较为极端的，另一种是相对保守的。极端派坚称数据是世界的本原，世界被数据统治；相关关系才是根本，因此不需要因果关系；只要有了足够大、足够完备的数据，就能通过数据分析对世界做出正确的理解；这意味着，数据才是人类最宝贵的财富，谁拥有了足够多的大数据，谁就可能赢得世界。而相对保守的和持谨慎态度的人倾向于认为，大数据虽然很有效，但是这种有效性是建立在大数据的准确性和可靠性的基础之上的，然而事实上这一点很难彻底实现；大数据不能解决所有问题，它只是新出现的一种解决问题的有效方式而已；对数据的相关性的认识，也只能算是科学的开始和起步，或者仅仅是一种方式，因为相关性的结果可能引起科学家的注意，但是在引起注意之后，对模型和因果机制的探寻才是科学研究的核心和方向，模型和机制不仅能帮助人们进行预测，而且是推动科学发展与应用的本质力量；基于大数据的许多相关性的推断结论只是“白噪声”，极有可能只是虚假相关或伪相关；据此可以断言，大数据将不可避免地面临寒冬期。[②]

有了大数据之后，再不需要建构理论解释的基本理由是大数据区别于其他数据的本质属性：大数据具有“全体优于部分、杂多优于单一、相关优于因果”的优势[③]，但是通过分析，我们发现这三个方面的优势

---

① Anderson C.，“The End of Theory：The Data Deluge Makes the Scientific Method Obsolete”，*Wired*，2008，Vol. 16（7），pp. 1 – 3.

② Bollier D.，*The Promise and Peril of Big Data*. The Aspen Institute，2010，p. 5.

③ 黄欣荣：《大数据时代的思维变革》，《重庆大学学报》（社会科学版）2015 年第 5 期。

并不完全站得住脚。

首先，人们能不能获得关于事物的所有值，即“N = all”的数据呢？客观上讲，不管技术有多先进，我们都不可能获得关于事物的所有数值。前面的研究业已表明，“N = 所有”常常是对数据的一种假设，而不是现实，在实践中受语境与局域性的限制，因为只有在具体语境中才能将其看成事物的全部事实。比如在对图片处理中，人们也是根据相关的理论，从图片中提取特定的特征量，而这种特征量的提取必然存在两个问题：第一是不可能穷尽图片上的所有信息；第二是必然存在着抽象。而抽象会有很多结果，其中之一就是信息遗漏。汉弗莱斯对“抽象”有过详细的论述，他认为“抽象”在实际使用中至少有四种意义，其中的三种都可以被叫做是“性质消除（property elimination）”的过程。这个性质消除的过程可以把我们的研究对象从一个实体所拥有的无论什么性质（N = all）都包括在内的性质总集变换到这些性质的一个合适的子集上，而且要求在这个过程中研究对象的性质本身保持不变。其中第一种就出现在认知过程中，也就是人们对事物比如图片所关注的点不是全部，而是具体的几个点。仪器可以通过自动化的方式来实现对人们所关注点的抽取。第二种就是在操作上将某些因素忽略，比如在赋值的时候，赋予“零”值。第三种就是通过受控实验，将特定性质消除。① 从汉弗莱斯对抽象的分析中就可以看出，只要是抽象，就意味着简化、意味着特征的缺失和信息的遗漏。从这种意义上说，“大数据”与“小数据”之间，事实上没有严格分明的界限，人们也无法确定量变发生质变的节点在哪里，因此就更谈不上对其质变的机制或规律的把握了！

其次，即便是拥有了“N = all”的大数据（语境与局域性数据），这些数据就能告诉我们关于世界的所有知识吗？对此，我们在第二章已经有明确的分析结论，大数据不能自己“发声”，需要相应的算法才能使其“发声”。此外，即使算法能从大数据中找到相关的规律，但是人

---

① ［美］保罗·汉弗莱斯：《延长的万物之尺——计算科学、经验主义与科学方法》，苏湛译，人民出版社 2017 年版，第 135—141 页。

类又如何理解和解释这些以数据来表征的规律呢？况且，如汉弗莱斯所指出的，算法的不透明性是我们理解大数据知识的重要障碍。

再次，大数据中存在许多小数据的问题。一方面，大数据仍未解决统计学的难题，如样本误差和样本偏差等问题；另一方面，处理大数据的主要步骤是“清洗”数据，即将大数据变“小”。在这一数据变小的操作过程中，受数据处理人员的知识背景和主观性因素的影响，许多数据可能被看作“噪声”而直接被删除。因此一些专家认为，在数据处理中面临的重要难题就是“如何确定、对待异常值”。对此，斯皮格汉特曾经指出：“大数据中存在的众多的小数据问题不但不会随着数据量的增加而消失，反而会随着数据量的增加变得更加突出。”①

最后，随着数据在量与维度上的不断增加，能够显现的统计相关性就会越来越多，塔勒布将这种统计相关称为“干草垛”。他说：“数据会制造越来越大的‘干草垛’”，其中许多是没有实际意义的虚假相关或者伪相关，但是它们的数量会随着数据的增加而呈指数式增长。而那个代表着本质的关系却被藏没在这个干草垛里，而且越埋越深。因此，人们要想在这个巨大的“干草垛”里寻找到这个本质，将变得异常困难。② 可见，数据中隐含的重要规律被不断增长的“数据噪声”所淹没，这也是大数据认识论的一个典型特征。

很多关于大数据预测失效的例子如“谷歌第二次全球流感预测”等业已表明，即使是使用了大规模的数据集，我们也不可避免地得到一些似是而非的推论。除了上面谈到的原因外，还有一个重要的原因是：当人们一旦知道自己的行为以数据的形式正在或即将参与到科学预测时，人们就会刻意地改变他们的行为，而这将必然导致数据的失真。因此，要实现准确预测，不但需要数据，还需要理论以及因果机制。下面我们将单独讨论相关与因果的关系。

---

① Harford T.，“Big Data：Are We Making a Big Mistake？” *Significance*，2014，Vol. 11 (5)，pp. 14 – 19.

② Brooks D.，“What You'll Do Next：Using Big Data to Predict Human Behavior”，*The New York Times*，April 16，2013.

（三）相关与因果的关系

从统计学上讲，“相关”指的就是事物特定类型的关联，如单调趋势或聚类，但绝不是因果联系；从物理学上讲，只有动力学方程才能反映因果联系。热力学统计物理就表明，相关性只是统计规律而不是动力学规律，这种统计规律不具备任何因果上的含义①；从哲学上讲，虽然相关关系与因果关系都属关系范畴，但是二者在内涵、外延以及所反映的问题的角度等各方面都存在显著的差异。

首先，内涵不同。由于相关关系反映的是有关事物表象之间的关联，但是表象并不一定能反映事物的本质，因此基于表象的相关也就不一定能反映事物的本质。比如，吸烟与癌症的发生率在数据上存在着显著的相关，但是这种相关并不表明只要吸烟就必然导致癌症的发生。一方面，癌症的发生在病理上是非常复杂的，很多癌症的病理学原因至今都没有弄清楚；另一方面，在数据上也存在大量的不吸烟而患癌的病例。原则上来讲，因果关系揭示的是事物的内在本质，通常意味着原因与结果之间确定的决定性关系。因此，不能因为大数据的出现就废除因果律，因果律才是事物的根据和根本。②

其次，外延不同。基于大量随机事件的表象而揭示出的表象的关联，即为相关性关系；而因果关系则主张抓事物的主要矛盾，要透过现象看本质。因此，相关关系涉及的外延要比因果关系更广。例如，当我们研究什么人最聪明这一问题时，样本数据中的民族、性别、肤色、年龄、体重、身高、阶级、人种、地域……都会被抽取出来作为表象的特征量，当然表征人的特征量还有很多，只要研究者有兴趣，如头发的疏密、是否打鼾、是否素食、是否抽烟等特征量都可以被提出和用于研究。而通过对这些特征量进行相关性分析，其结果也会五花八门，如“某些人种比另一些人种更聪明”“有钱的人更聪明”“头发越少越聪

① Altman N., Krzywinski M., “Association, Correlation and Causation”, *Nature Methods*, 2015, Vol. 12 (10), pp. 899 – 900.

② ［美］南希·卡特赖特：《物理定律是怎样说谎的》，贺天平译，上海科技教育出版社2007年版，第3页。

明”……等，但这些结论的实际价值在什么地方呢？相反，因果研究将会研究大脑的生理特征，智力的生物学基础，如大脑的结构，脑容量、大脑皮层的沟回等，因为这些生理特征及其作用机制才能从根本上回答什么人更聪明的问题。

再次，反映问题的角度不同。相关关系主要是从量的方面来反映有关事物特征的相互关系，而因果关系着力于从质的方面来反映事物之间的内在联系。

此外，统计学的相关性是大量随机事件所反映出的整体上的规律性，因此相关关系对于随机样本中的个体是没有意义的，如物体的温度反映的是组成物体的所有微观粒子热运动过程中的动能的统计平均值，但这个统计平均不能用在具体的某个粒子身上。但是因果性既可以解释单个随机事件以及总体中的个体发生变化的原因，如粒子物理学作为关于微观粒子因果机制的理论，可以解释微观粒子的具体问题，也可以以此为基础来揭示随机事件整体上的规律。可见，因果关系不仅仅包含必然性、规律性，还包含引起与被引起即原因与结果之间的引发、生成的关系。① 还是以吸烟与癌症为例，吸烟与癌症发生率的显著相关，反映的是吸烟者群体（样本）整体上表现出的患癌的趋势，但这个规律既不能揭示癌症的病因，也不能对样本中的具体个体是否患癌给出确定性的回答。

总之，相关与因果不但不同，甚至其意趣也具有不可通约性。而在实践当中，人们又很容易将二者混淆，这正是因为它们之间除了存在区别，还存在特定的联系。

经典科学中也存在着概率意义的统计规律，如热力学统计物理，可以说那是当人们面对复杂的热力学系统时，因无法完全确定系统所有性质包括外界条件等情况下所采取的权宜之计，或者说由于我们对于复杂系统的知识还不够完备，不得不采用了统计规律来获得关于复杂系统的各种推论。这种统计规律必然能发生，即具有所谓的相关必然，说明这

① Paul L. A., Hall N., *Causation, A User's Guide*, Oxford University Press, 2013, pp. 12 - 22.

种联系存在内在的必然性，背后一定存在着相应的因果机制。其实，统计规律之所以是必然性规律，其背后存在经典力学这一动力学基础。而这种经典的动力学，对于单次随机事件，原则上也是可以做出因果说明的，这正是相关与因果之间的内在联系。

对于大数据而言，作为对大量随机事件的一种反映，它首先满足的是统计规律，追求这种相关性，是大数据的首要和客观选择。其次，在大数据背景下，由于数据的极端复杂性，追求因果将变得更为困难，因此不得不暂时搁置因果性。再次，基于大数据的统计规律不仅能很好地解释复杂系统的状态和演化行为，即能在短期使知识获得增长，而且这种相关研究能与商业价值相契合，所以放弃因果而追求相关性成为一种实用的“理性”行为。总之，大数据本质上是在寻找统计学上的相关性，从现象上看，它与经典科学中的统计规律是一致的，这是它们相同的或者说是易混淆的地方。但是，我们必须清醒地意识到，追求相关性必须是非常审慎的，因为相关不代表必然相关，即使必然相关，也只是统计性规律，并不是决定性的因果规律。

正如研究社交媒体的专家、哈佛大学的教授贝瑞所指出的那样，大数据研究中存在一种“傲慢”的倾向，在大数据面前，传统的分析方法太容易靠边了。因此，大数据研究中传统分析方法的缺失与缺席，说明大数据是一个不欢迎甚至不需要旧的传统工艺、技术和方法的新的研究体系。但尽管如此，由这种“智能工艺”所提供的知识缺乏哲学的调节力量，即这种知识缺乏其产生的理性基础，而这是康德哲学的核心。①

（四）理论的功能

理论有两个基本功能，一个是要能回答“是什么”的问题，另一个是要能回答“为什么”的问题。“是什么”的问题是对系统的状态、变化规律以及系统与系统之间、系统各部分之间的相互关系的描述。因

① Boyd D., Crawford K., “Critical Questions for Big Data”, *Information Communication & Society*, 2012, Vol. 15 (5), pp. 662 – 679.

此，能回答“是什么”是一种对事物的客观描述，比如质点在某时刻的速度，微观粒子服从海森堡不确定关系……等，这些对事物表象的客观描述，是经验科学研究的起点，它反映的是事物的表象之间的必然联系，如经典力学中的运动学方程，如果初始条件已知的话，运动学方程能回答质点在任意时刻的确定的速度和位置。因此，这些理论被称为“唯象理论”。但是人们的认识不会止于唯象理论，因为唯象理论回答不了“为什么”会这样的问题，即物体为什么在某时刻的速度是这样的？或者为什么相同的物体速度随时间的变化是不一样的？为什么微观粒子必然服从海森堡不确定关系？因此，在好奇心以及理性思维的推动下，我们总是需要不断追问系统形成、演化的原因和机制，从而对“为什么”的问题做出合理的回答。比如牛顿第二定律就是对有关质点运动的“为什么”问题的回答，而薛定谔方程也是对有关微观粒子“为什么”问题的回答。只有回答了“为什么”的问题，才算实现了科学研究的终极目标，因此这些理论才被称为是“机理理论”。总之，在不考虑现象学、诠释学等学科的价值的情况下，传统科学哲学认为，探寻“机理理论”是对认识的进一步深化，并且这一过程往往是没有止境的。

我们以前面提到的热力学为例来做进一步的说明。在热力学研究早期，通过对热现象的经验观察，人们得到了关于理想气体系统的状态方程，即理想气体的三个特征量——压强（P）、温度（T）、体积（V）——之间满足 $PV = nRT$ 。这一关系是对理想气体整体行为的客观表征，并且经受住了各种实验的检验，从而被证明是正确的。根据理想气体的状态方程，人们可以判断理想气体状态的改变，尤其是可以帮助我们判定在特定条件下的相关状态量的精确数值。但是，理想气体为什么服从这样的规律？非理想气体为什么不服从这样的规律？理想气体方程无法做出回答，也就是说理想气体方程只回答了“是什么”的问题而没有回答“为什么”的问题。要解决“为什么”的问题，原则上需要建立动力学方程。到了 19 世纪 60 年代，当科学家们放弃了“热质说”而采用了“热动说”的模型，才为回答“为什么”的问题奠定了本体论的理论基础。“热动说”将理想气体看成大量做永不停歇运动的弹性小球组成的系统，而每个小球在运动过程中都服从牛顿动力学方程。基于动力学方程，科学家最终揭示出了温度、压强的本质，回答了为什么理想气体在整体上服从理想气体状态方程，也回答了为什么该方程不适用于非理想气体。

经典意义的科学，都是沿着这样的路径发展的，其合理性似乎也在不证自明之中。[①] 但是，由于人类的认识过程总是需要经历从简单到复杂、从唯象到机理的逐渐深入的路径，而科学的内在逻辑与人类认识的历史逻辑并不是同步的，因此不能因为相关性包含在因果机制之中就放弃相关而去追求因果，因为大数据虽然改变了科学研究的方式，使我们在很多情况下能像谷歌（Google）一般，很容易获得关于事物之间的内在联系，但是若不借助模型和因果机制，人类对事物的理解根本达不到谷歌这样的级别。此外，更为重要的是，也绝不会有人愿意将自己对事物的理解水平滞留在这个层次，并乐此不疲。[②]

我们可以这样认为，大数据对相关性的追求是非常合理的，因为大数据提供了一种全面认识事物尤其是认识复杂事物的“唯象理论”的方法，通过这些“唯象理论”，我们可以回答用以前的方法无法回答的“是什么”的问题，而且还可以通过这些“唯象理论”，帮助我们进一步探索“机理理论”，即最终回答“为什么”的问题。因此，相关与因果在大数据背景下的关系，应该遵守尼尔斯·玻尔（Niels Bohr）的互补原理，二者互相促进、互为补充。[③]

综上所述，从对早期经验论、逻辑经验主义再到新经验主义的分析中，我们认识到“经验”这一核心概念也发生着本质的变化。早期经验论将经验视为人对对象的感观反映，逻辑实证主义将其视为受控实验获得的可证实性经验。20 世纪 80 年代出现的新经验主义，强调实验经

---

① 董春雨、薛永红：《从经验归纳到数据归纳：特征、机制与意义》，《自然辩证法研究》2016 年第 5 期。

② Harford T., *Why the Cloud Cannot Obscure the Scientific Method*, http: //arstechnica.com/uncategorized/2008/06/why - the - cloud - cannot - obscure - the - scientific - method, 2008 - 06 - 26.

③ Golightly C. L., “Mind - Body, Causation and Correlation”, *Philosophy of Science*, 1952, Vol. 19 (3), pp. 225 - 227.

验的独立性与生命。这种对经验独立性与生命的强调一定是基于这样一个大的背景，即机器尤其是计算机越来越多、越来越深入地介入到认识的整个过程中。由于新经验主义将研究的重点侧重于实践以及实验室本身，因此没有在整体上对机器进行划分。20 世纪 80 年代以降，作为实验室的常客——计算机——已经不同于传统的机器，因为它可以放大人的计算能力；到了大数据时代，随着机器学习的兴起，使得现在的机器已经具有了“学习”的能力。

因此，在经验主义的演变中，隐藏着一个重要的事实与主题，即经验主体的变化——经验的主体经历了某种从人到人与机器再到机器的转移。到了大数据与机器学习的当下，这种主体的转移更为明显，因为从汉弗莱斯的第二种大数据的角度看：数据的产生、捕获、存储过程中，人不再是主体。比如，对人类使用互联网的数据捕获行为本质上是计算机对人在互联网上行为的历时性、真实性的反映。这种行为在计算机引入科学研究以来就已经发生了，但是在大数据时代能凸显其独立性的原因在于当然也可以归结为一个原因，大数据的另外一个特征——自动化。“自动化”的潜台词就是不再需要人的介入与参与，因此从这个意义上来说，人也将不是认识的主体。

为了验证我们对“经验主体从人向机器转移”的推论，我们将通过机器下棋的历史来进一步明确这一推论的含义。

第五章　机器"经验"的崛起

——从"深蓝"、AlphaGo 再到 AlphaZero

一　机器下棋的历史与哲学

棋类游戏一直是人工智能所要攻克的领域。1947 年，图灵（A. L. Turing）编写了一个国际象棋程序，但是由于计算机在当时是稀缺资源，根本没有机会在计算机上运行。与此同时，信息理论的创始人香农（C. E. Shannon）等人提出了双人对弈的最小最大算法（Minimax），并于 1950 年发表了理论研究论文 Programming A Computer for Playing Chess（《计算机下棋程序》）[①]，首开理论研究机器下棋的先河。在论文中，"棋盘"被定义为一个二维数组，棋盘上的每个棋子，都被赋予一个对应的子程序，用于对棋子可能走法的计算。当子程序计算出棋子所有的可能走法后，就得到一个评估函数。用每个棋子的可能走法，可以形成一个博弈树。对于一个完全信息的博弈系统，如果能穷举完整的博弈树，那 Minimax 算法就可以计算出最优的策略。[②]

由于复杂游戏的博弈树增长是指数形式的，因此要穷举完整的博弈树非常困难。被称为"人工智能"之父的约翰·麦卡锡（J. McCarth）博士提出了著名的 $\alpha-\beta$ 剪枝技术，从而对控制博弈树的规模提供了依

---

① Shannon C. E.，"Programming a Computer for Playing Chess"，*Philosophical Magazine*，Vol. 41（314），1950，pp. 256－275.

② 尼克：《人工智能简史》，人民邮电出版社 2017 年版，第 119—122 页。

据。随后，卡内基梅隆大学的纽厄尔（A. Newell）、西蒙（H. Simon）等人很快实现了这一技术。Minimax 算法必须在完成完整的博弈树之后才能计算评估函数，而 $\alpha-\beta$ 剪枝技术则是一边画博弈树，一边进行计算，一旦在计算过程中评估函数出现“溢出”，则自动停止对树的进一步搜索。这样一来，就极大地减小了博弈树的规模和实际的搜索空间。

从此以后，各种下棋程序应运而生。初期，由于计算机运算速度较慢，机器远达不到普通棋手的水平，比赛都是在机器与机器之间进行。1989 年，卡内基梅隆大学的团队开发出的下棋机“深思”（Deep Thought），成为第一个国际象棋计算机特级大师。此后这个团队加入 IBM，成为后来“深蓝”（Deep Blue）的核心团队。1997 年 5 月，在美国纽约举行的一场六局的比赛中，“深蓝”战胜国际象棋大师卡斯帕罗夫，从而成为历史上第一个战胜人类的下棋机。

二　机器的胜利：IBM“深蓝”的技术分析以及其启示

人类对“国际象棋机器”的设计可以追溯到 1769 年，当时有一台被称之为“土耳其人”的机器在奥地利首次亮相，并且接连战胜人类棋手，并在欧洲风靡多年，但后来被发现是一个彻头彻尾的冒牌货——里面藏匿着一位象棋高手。20 世纪 40 年代后期，由于电子计算机的出现激发了人们对国际象棋程序的新研究兴趣。早期的计算机程序强调对人类象棋思维过程的模仿，20 世纪 70 年代末的 Chess 4.5 计划则首次证明了强调硬件速度的工程方法可能更有成效。所以，深蓝的成功，其实很大程度上在于 IBM 设计出的专用芯片。

1997 年，IBM 发布了新的芯片即 RS/6000，这一装置使得 SP2 计算机以 130 兆赫的速度运行。最终和卡斯帕罗夫对战的深蓝系统，有 2 个操作台，包括 30 台计算机（路机），还用到了 480 个定制的国际象棋芯片。[①] 因此，可以将深蓝视为通过高速交换网络连接的 IBM RS/6000

---

① Newborn M：《旷世之战：IBM 深蓝夺冠之路》，邵谦谦译，清华大学出版社 2004 年版，第 85—86 页。

处理器或工作站的集合。深蓝系统中的每个处理器最多可控制 16 个国际象棋芯片，分布在两个微信道卡上，每张卡上有 8 个国际象棋芯片，拥有超过 4000 个处理器。[①] 系统每秒可以检索 200，000，000 个棋局，检索深度也进一步提高。因此，专用芯片所提供的强大算力为以“暴力穷举”的算法实现提供了基础。加上丰富的象棋知识、残局、改进的开局库以及在特级大师的仔细检验下进行了一年的测试，最终版本的机器具有了非常强的棋力。这台深蓝系统的重量高达 1.4 吨，如图 5—1 原机示意图。

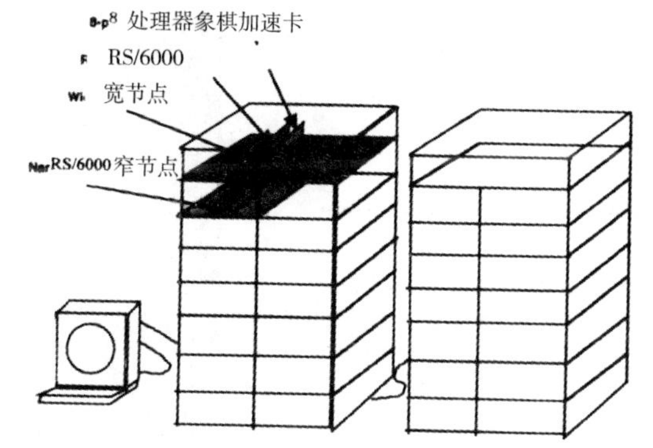

深蓝原型机示意图：30个RS/6000 SP处理器，每个处理器上有两块象棋加速卡，每块卡上有6—8个VLSI象棋芯片

图 5—1　“深蓝”原型机示意图

（一）RS/6000 芯片

深蓝算法的核心是基于暴力穷举，通过群举所有可能性，然后搜索出最好的路径。实现这一目标，主要靠先进的芯片。深蓝设计的象棋芯片包含四个模块：走棋模块（Move Generator）、评估模块（Evaluation Function）、搜索控制器（Search Controller）以及智能移动堆栈（Smart Move Stack）。（1）走棋模块生成可能的走法，它是基于国际象棋的博弈树以及人类象棋的知识而来。（2）评估模块用来对棋子进行价值评估。评估行为是软件根据 8000 多种评估棋局的因素事先写好的评估方

① Hsu F. H.，“IBM's Deep Blue Chess Grandmaster Chips”，*IEEE Computer Society Press*，1999，pp. 70 – 81.

法，对盘面上所有棋子当前所处的位置进行计分来完成的。因此，“深蓝”能战胜卡斯帕罗夫，很重要的一点是对于象棋知识的深入理解。（3）搜索控制器用来实现 $\alpha-\beta$ 剪枝搜索算法，它能快速削减搜索的规模。（4）移动智能堆栈使用了对落子位置的记忆算法，它可以检测重复的移动以及是否有可能导致重复或接近重复的移动。最终设计成的芯片包含约150 万个晶体管，尺寸为1.4 cm×1.4 cm。在外观上如此之小的芯片，放在通用计算机上，其运行速度相当于一个1000 亿个指令/秒的超级计算机，如图 5—2 所示。

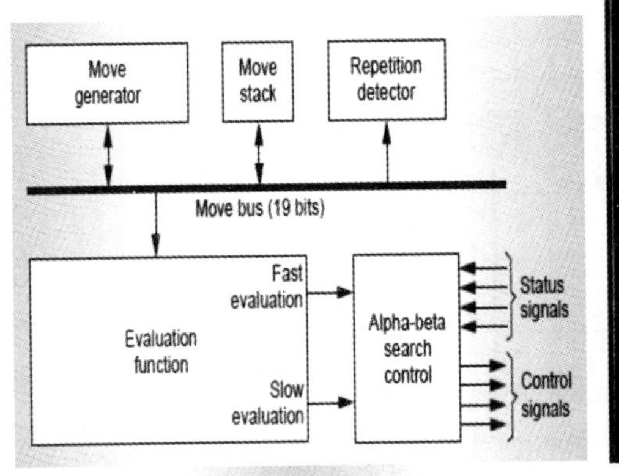

Figure 1. Block diagram of the chess chip.

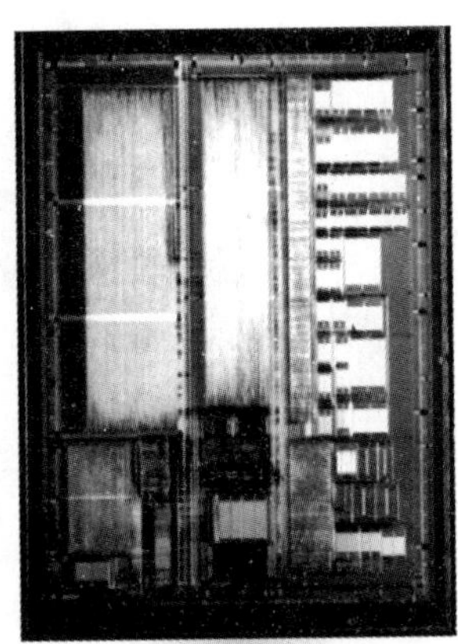

Figure 2. Die photo of the chess chip.

图 5—2 芯片结构示意图（左）与实物图（右）

（二）软件

深蓝的软件部分有三个功能：（1）负责调度所有象棋芯片的并行搜索，以及对大范围规划的局面进行评估；（2）负责连接一个只剩 5 子的残局库。对弈过程中一旦出现 5 子的残局，软件可以跨过芯片的搜索功能，直接从这个数据库中搜索较佳走法；（3）连接包含从 30 万局棋中抽取出来的开局以及由专家不断优化的开局库。

（三）象棋知识

如前所述，深蓝系统用到了大量的象棋知识。根据 1997 年之前的机器与人类的对战经验，深蓝的团队认为机器棋手最欠缺的是象棋知识。在后期的改造与优化过程中，尽可能多的象棋知识被集成到芯片当中。此外，为了解决被卡斯帕罗夫称为的“计算机缺乏常识”的问题，即遇到一些人类知识库中没有的知识的情况时，计算机会表现出人类棋手不会出现的“古怪”行为——这种行为可以被人类棋手当成计算机的弱点，并以此来击败计算机，一方面，计算机芯片中还加入一些人类知识库中没有的象棋知识；另一方面，改变搜索策略，即让计算机在搜索过程中自动调整与位置特征相关联的权重。使用这种策略还有一个额外的好处：“就是我不需要知道如何很好地下棋，只需要知道一个位置特征很重要即可”①，这意味着机器下棋可以不考虑人类关于下棋的知识；这一点被 20 年后的 AlphaGo 进一步放大，从而造就了最强版本 AlphaGo Zero。

（四）搜索算法

具体的搜索在两个层次上并行进行，一个分布在 RS/6000 SP 交换网络上，另一个分布在工作站节点内的 Micro Channel 总线上。两级搜索提高了设计灵活性，同时也保持了整体的搜索速度。软件搜索虽然只处理不到百分之一的搜索位置，但它控制了大约三分之二的搜索深度。在具体搜索过程中，搜索控件并没有使用常规的 α－β 搜索算法，而是使用了 α－β 的剪枝搜索算法。剪枝算法能给出搜索的位置是好于还是差于单个测试值。在常规的 α－β 搜索中，对于最好的移动，只需要知道它们是否比当前最佳移动更好或更差，这恰好与剪枝算法提供的功能相同。因此，通过多次重复剪枝算法，可提高搜索的精确度。而在效率方面，α－β 剪枝算法基本上与常规 α－β 算法相同。

综合以上的技术分析，“深蓝”之所以能够战胜国际象棋大师，主要是基于两点：第一是丰富的国象棋知识，尤其是对象棋知识的深入理解，这些知识可用来评估棋盘的局势。② 第二是巨大的算力。因

① Hsu F. H.，“IBM's Deep Blue Chess Grandmaster Chips”，*IEEE Computer Society Press*，1999，pp. 70－81.

② 吴岸城：《神经网络与深度学习》，电子工业出版社 2016 年版，第 170—171 页。

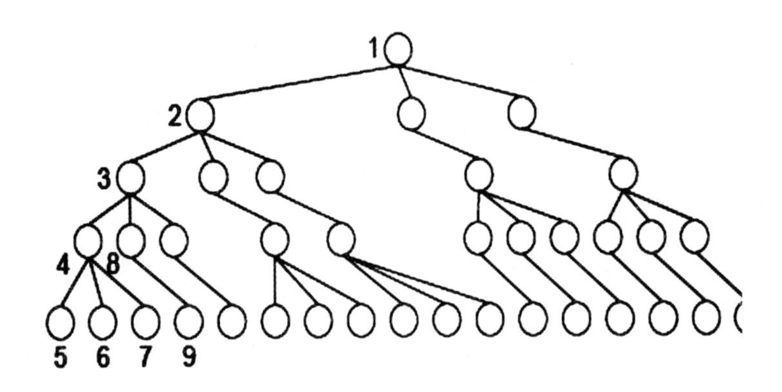

图 5—3　优化后的博弈树

为 α - β 算法本质上是需要穷尽整个博弈树，即使用剪枝以及软件对残局的搜索都可以在某种程度上降低搜索空间的维度，但其整体上依然属于暴力穷举。这种设计思路即使是在 20 年后的 AlphaGo 中，也仍然存在。

“深蓝”之后，研究人员便把目标锁定在围棋上。由于围棋的搜索空间太大，“深蓝”所使用的暴力群举的搜索方法对于围棋完全失效。因此很长时间以来，人们认为围棋是人工智能不可逾越的一道坎。人类迈过“围棋”这道坎，足足准备了 20 年之久。

三　AlphaGo 进化简史

2016 年 1 月 26 日，谷歌 DeepMind 团队在《自然》杂志发表文章《通过深度神经网络和树搜索来征服围棋》（Mastering the Game of Go with Deep Neural Networks and Tree Search），揭开了围棋人机大战历史性的一页。文章称：“在 2015 年 10 月 5—9 日的比赛中，AlphaGo 以 5∶0的比分战胜了欧洲围棋冠军樊麾（Fan Hui）。”① 这是围棋历史上，

① Silver D. H. A. , Maddison C. J. , etal, “Mastering the Game of Go with Deep Neural Networks and Tree Search”, *Nature*, 2016, Vol. 529 (7587), pp. 484 - 489.

机器第一次战胜职业围棋选手。为了进一步测试 AlphaGo 的性能，2016 年 3 月，谷歌向围棋世界冠军、韩国顶尖棋手李世石发起挑战。2016 年 3 月 9—15 日，在韩国首都首尔举行的人机大战中，AlphaGo 以 4∶1 的比分战胜了李世石，AlphaGo 名震天下。DeepMind 团队并没有就此结束对 AlphaGo 的优化，而是依据与李世石对战的经验，对 AlphaGo 做了进一步改进。

2016 年 12 月 29 日开始，一个名为“Master”的神秘网络棋手在几个知名围棋对战平台上轮番挑落中、日、韩围棋高手，并在 2017 年 1 月 3 日晚间赢了中国顶级围棋手柯洁。2017 年 1 月 4 日晚，在连胜 59 局之后，突然发声承认：“我是 AlphaGo 的黄博士”。①此后，在击败古力使自己对人类的连胜纪录达到 60∶0 后收手，随后，Deep Mind 团队正式发表了声明，承认“Master”为 AlphaGo 的升级版。

04/01/17

We've been hard at work improving AlphaGo, and over the past few days we've played some unofficial online games at fast time controls with our new prototype version, to check that it's working as well as we hoped. We thank everyone who played our accounts Magister(P) and Master(P) on the Tygem and FoxGo servers, and everyone who enjoyed watching the games too! We're excited by the results and also by what we and the Go community can learn from some of the innovative and successful moves played by the new version of AlphaGo.

Having played with AlphaGo, the great grandmaster Gu Li posted that, "Together, humans and AI will soon uncover the deeper mysteries of Go". Now that our unofficial testing is complete, we're looking forward to playing some official, full-length games later this year in collaboration with Go organisations and experts, to explore the profound mysteries of the game further in this spirit of mutual enlightenment. We hope to make further announcements soon!

图 5—4　DeepMind 在官网上的声明

2017 年 5 月，在中国乌镇的人工智能峰会上，排名世界第一的围棋冠军柯洁挑战 AlphaGo Master，最终以 3∶0 落败。在比赛结束后的发布会上，AlphaGo 的负责人哈萨比斯（D. Hassabis）宣布 AlphaGo 退役，即不再与人类棋手进行比赛，但仍会发表相关的论文。

① 黄士杰（Aja Huang），DeepMind 团队的核心成员，也是该团队中唯一一位围棋高手。与李世石、柯洁的对战中，都是由黄博士替 AlphaGo 执行落子。

2017 年 10 月，DeepMind 团队公布进化最强版的 AlphaGo Zero[①]，与之前的版本相比，这个版本最大的特征是不需要人类经验数据，只需用机器自我对弈的棋局来训练即可。经过 3 天的训练后，就可以击败 AlphaGo Lee，比分高达 100 比 0；经过 40 天训练后，就以 89∶11 的比分击败 AlphaGo Master。AlphaGo Zero 的具体细节以论文的形式于 2017 年 10 月 19 日发表在《自然》杂志上。

AlphaGo 的成功，主要归结于机器学习与深度神经网络结合而产生的深度学习的使用，当然谷歌的并行计算系统、TPU 专用的芯片以及大数据为它的产生提供了平台和物质基础。正如李开复博士所说："深度学习、大规模计算和大数据三位一体"。[②]

（一）人工神经网络与深度学习

1943 年，神经科学家麦卡洛克（W. McColloch）和皮茨（W. Pitts）提出了模拟神经网络的理论，描述了人类神经沿网状结构传递和处理信息的理论模型。这一理论被计算机领域的研究者借鉴，用计算机模拟人的神经系统的工作模式，以进行简单的模式识别和信息处理，从而开辟了人工神经网络（Artificial Neural Networks）的研究。1957 年，康奈尔大学的实验心理学家罗森布拉特（F. Rosenblatt）在计算机上实现了一种"感知机"的神经网络模型，并且证明了单层神经网络在处理线性可分的模式识别问题时可以收敛，使这一领域变得非常时髦。1965 年，伊瓦赫年科（A. G. Ivakhnenko）提出了基于多层神经网络的机器学习模型，即现在所说的深度学习（Deep learning）。正当人工神经网络研究大热之时，1969 年，明斯基（M. Minsky）却提出，感知机不能解决异或问题。这一问题的提出（罗森布拉特之前也意识到了这一问题）使神经网络研究遭受了严重打击，并因此沉寂多年。1975 年前后，哈佛大学的沃波斯（P. Werbos）终于解决了这一难题，相关的发展才又逐渐进入正轨。

---

① Silver D., Schrittwieser J., Simonyan K., et al. "Mastering the Game of Go Without Human Knowledge", *Nature*, Vol. 550 (7676), 2017, pp. 354 – 359.

② 李开复、王咏刚：《人工智能》，文化发展出版社 2017 年版，第 74 页。

人工神经网络一直以来是机器学习的主要算法之一，主要用于计算机对图像、文字、语言等的识别。由于浅层的神经网络在实践中的效果不好，所以人们就逐渐产生了用多层神经网络来实现“学习的功能”的想法。

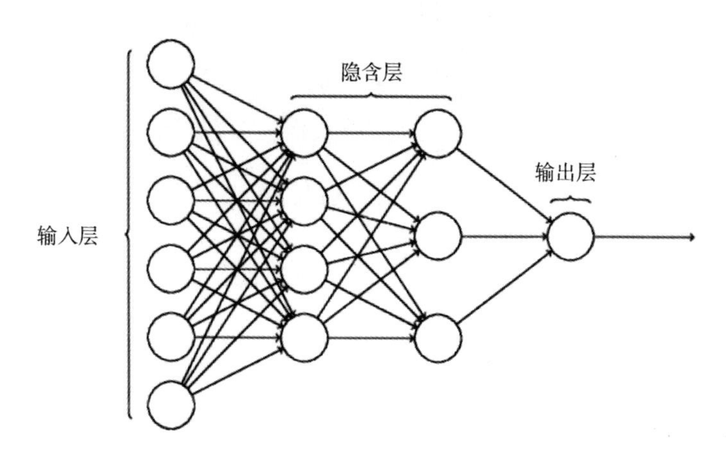

图 5—5　多层神经网络示意图

网络层数的增加面临两个挑战：其一是在理论上还无法解决由于网络层数增加而产生的问题；其二是层数越多，需要计算的复杂度就越高，计算机还远远达不到处理深度神经网络的要求；其三是对复杂模型的训练需要海量的数据，当时还没有大数据。因此，用大数据来训练复杂模型是深度学习的一个明确方向①，等待的只是一个时机而已。

人工神经网络领域的泰斗辛顿（G. Hinton）是深度学习的积极推进者，2006 年，他与合作者发表文章《一种深度的置信网络的快速学习算法》（A fast learning algorithm for deep belief nets）②，提出对深层神经网络进行训练的算法，该算法不但可以让计算机渐进地进行学习，而且学习的精确性会随着网络层数的增加而提高，这在客观上推动了无监督学习（Unsupervised Learning）的发展。机器学习、神经网络和深度

① 吴军：《智能时代：大数据与智能革命重新定义未来》，中信出版集团 2016 年版，第 250—251 页。

② Hinton G. E. , Osindero S. , Teh Y. , “A Fast Learning Algorithm for Deep Belief Nets”, *Neural Computation*, 2006, Vol. 18 (7), pp. 1527 – 1554.

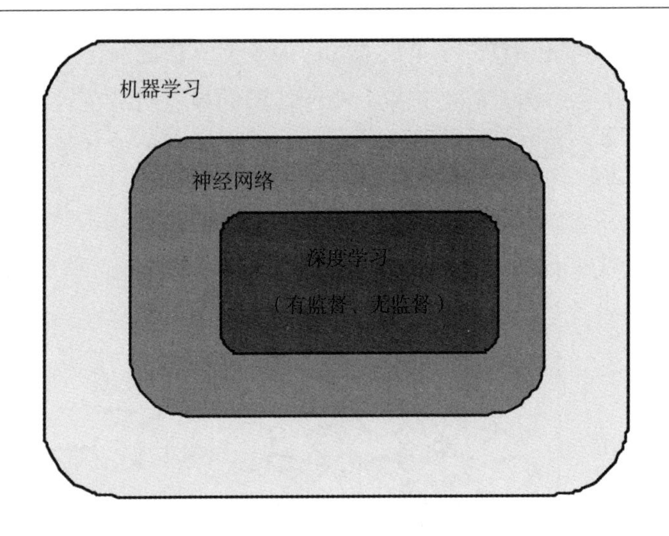

图5—6　机器学习、神经网络和深度学习之间的关系

学习之间的层次关系如图5—6所示。

2010年谷歌开发了Google Brain的深度学习工具，将人工神经网络并行实现，即将一个大规模的模型训练的问题，简化到同时能够分布到上万台服务器上的小问题，从而解决了深度学习所需的基本技术问题。早期这个大脑只使用了大量的CPU，后期逐渐又引入了GPU以及专用的TPU处理器。与此同时，大数据如火如荼的发展态势，使得基于深度网络的机器学习突破了三大限制，并在各领域取得快速进展，其中最突出的就是谷歌的DeepMind团队所开发的AlphaGo系统。

（二）AlphaGo的技术分析与演变

由于围棋的棋子多，复杂程度高，“深蓝”所使用的搜索方法对于围棋完全失效。国际象棋每一步的搜索宽度大概是30，搜索深度大概是80，整个搜索空间大约为10^{50}。围棋搜索的宽度大概是250，搜索深度大概是150，搜索空间在10^{170}以上，比宇宙中的粒子数（10^{80}）还多。

由于搜索空间太大，只依赖评估函数和剪枝搜索算法的暴力计算就无法在有限的时间内完成整个空间的搜索。在数学上，“最优策略”和“判断局面”可以被量化成为函数$Q(s, a)$和$V(s)$。s表示局面状

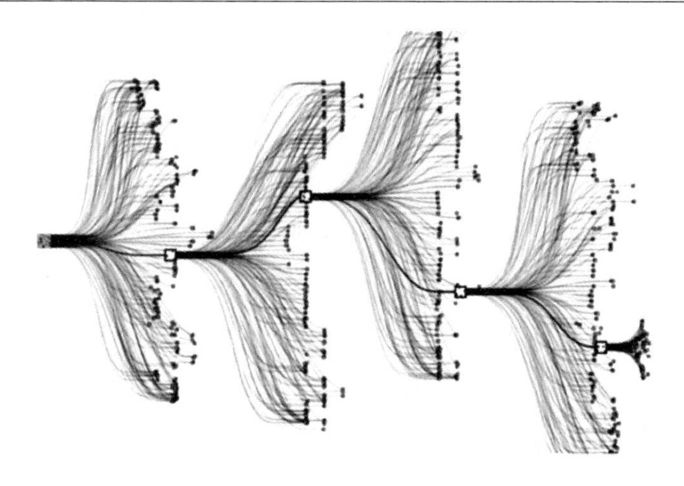

图 5—7　AlphaGo 搜索空间示意图

态，a 表示落子动作。在关于强化学习的理论中，$Q(s, a)$ 被称为策略函数（policy function），$V(s)$ 被称作是局面函数或者评估函数（value function）。策略函数的用处在于衡量在局面 s 下执行 a 所能带来的价值；估值函数用于衡量局面 s 的价值，估值越大，则意味着在该落子动作下获胜的概率越高。而这两个函数可以用于模仿人类下棋：人类在下棋时，棋手首先凭借经验和“直觉”确定落子的若干方案，并选择其中的最优方案，这一行为实际上是降低了“搜索宽度”，因为一些明显不好的方案不会被考虑进去；此外，对每一个落子动作之后的情形，棋手也只能看到为数不多的几步——最顶尖的棋手大约在十步左右，以此为基础对盘面所进行的判断，实际上是降低了“搜索深度”，详见图 5—7。

AlphaGo 在与人类顶尖棋手的对弈历程中，出现了四个典型的版本，第一个是 4:1 战胜韩国棋手李世石的版本——AlphaGo Lee[①]；第二个是 3:0 战胜中国棋手柯洁的版本 AlphaGo Master；第三个是 AlphaGo Zero；第四个是 AlphaZero。下面我们将对四个版本进行分析，以揭示其在演化过程中所折射的哲学思想。

---

① 由于与欧洲围棋冠军樊辉对战的版本 AlphaGo Fan 与 AlphaGo Lee 只存在硬体上的差别，后者使用了速度更快、能耗更低的芯片 TPU 代替 GPU，因此在分析中将二者视如同一版本。

1. AlphaGo Lee

AlphaGo 模仿了人类的下棋模式，用策略网络（Policy network）来减小“搜索宽度”，即实现对人类的“棋感”的模拟，用估值网络（Value network）来减小“搜索深度”，从而模拟人类对盘面的综合判断。最后借助谷歌的技术优势：海量数据、并行计算以及 GPU、TPU，从而在围棋上超越了人类。

从技术上讲，AlphaGo 在设计过程中，融合了蒙特卡洛树搜索算法（MCTS）、强化学习（RL）和深度神经网络（DNN）这三种在目前人工智能领域最先进的技术。在具体设计中，蒙特卡洛树搜索为 AlphaGo 提供了一个基础框架；强化学习可用来提升 AlphaGo 学习能力；深度神经网络则是用来拟合棋盘的策略函数和估值函数的工具。这三大技术在 AlphaGo 之前就已经成熟，但是谷歌公司借助于其以 GPU、TPU、并行计算为基础的巨大计算能力以及海量数据将三者结合在一起，从而使 AlphaGo 获得了巨大的成功。

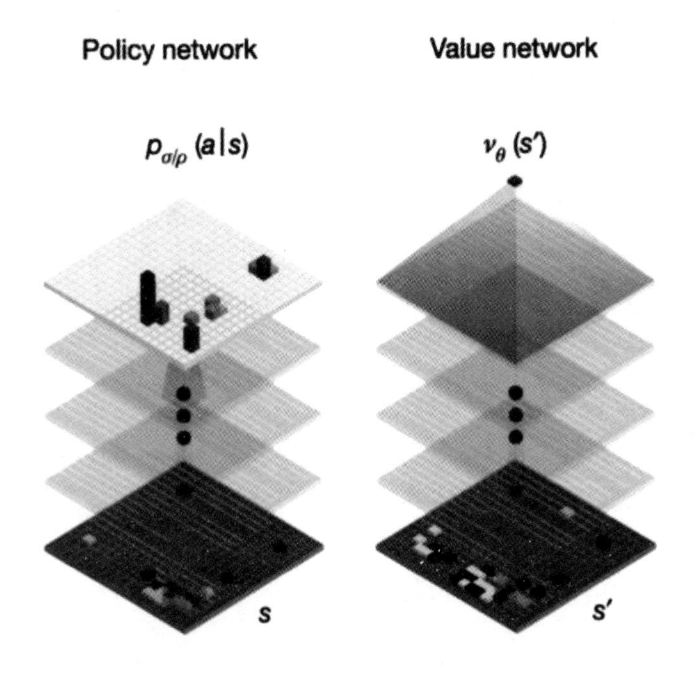

图 5—8　两个大脑“策略网络”和“估值网络”

在设计思想上，如前所述，AlphaGo 实质上是在模拟人类下棋的方式。它有两个大脑：一个是策略网络，另一个是估值网络，这两个大脑通过蒙特卡洛树搜索被整合在一起。通过这两个大脑，一方面来模拟人类下棋的“棋感”和大局观，另一方面来模拟人类对每一步棋的深思熟虑。因此，AlphaGo“最终具备了在‘直觉’基础上的‘深思熟虑’，而这正是一种典型的‘人类思维’处理复杂问题的方式，这为解决复杂决策智能的问题提供了一种工程技术框架。”①

具体方法上，第一，研究者搭建了一个具有 13 层的深层神经网络，并且用监督学习（Supervised Learning）的方式，通过输入人类的经验数据即 KGS 上的三千万盘棋局②对此网络进行训练，以得到策略网络 p_σ。这个网络对人类专家下棋预测的精准度达到了 55.7%。这个数据一方面已经远超当时最先进的机器棋手（44.4%）；另一方面，预测不准的原因不能完全归于网络本身，因为人类棋手在落子时存在不可避免的“臭招”。

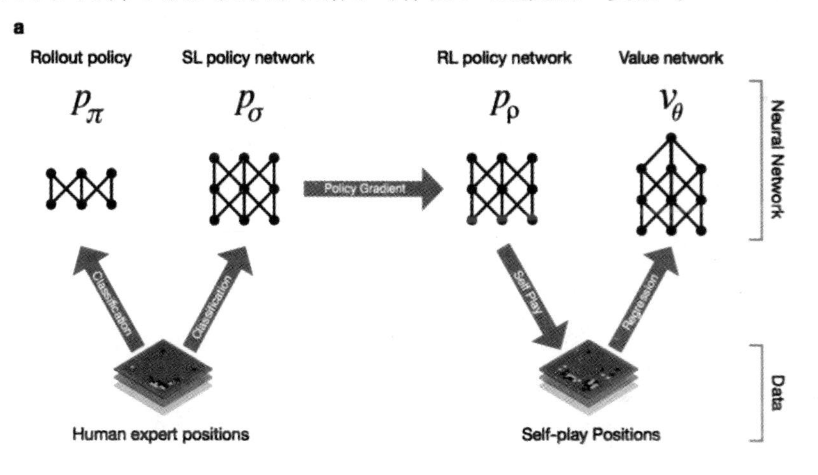

图 5—9　网络训练、生成示意图

① 陶九阳、吴琳、胡晓峰：《AlphaGo 技术原理分析及人工智能军事应用展望》，《指挥与控制学报》2016 年第 2 期。

② KGS 是 KGS 围棋服务器（KGS Go Server）的简称，2006 年前叫棋圣堂围棋服务器（Kiseido Go Server）。由舒伯特（W. M. Shubert）开发，所有代码用 Java 编写。它是世界上最大的围棋服务器之一，一般任何时刻同时有超过一千五百人在线。KGS 经常更新和维护前一百名棋手的列表，并且经常转播国际比赛和国家锦标赛的棋局，因此在线数据库拥有海量的顶级选手对弈的棋局数据。

第二，虽然更庞大、更复杂的神经网络能提高预测的精确度，但这也会拖慢网络评估的速度；此外，网络虽然能根据当前盘面，提出下一步落子的最好位置，但是它不会“看棋”，即不会给出后面的走法。为了解决这一问题，研究人员又通过人类棋谱训练了一个具有较少层数（双层）的神经网络——快速走子网络（Rollout policy）——p_π。这个网络虽然只能达到24.2%的精度，但与策略网络 p_σ 下一步棋的速度相比更快，它只需2微秒，而 p_σ 需要3毫秒，相当于快了1000多倍。设置快速走子网络的原因是，策略网络虽然精确但是速度慢，并且也不可能搜索到最后一步，而快速走子网络 p_π 在相同时间内的搜索更深，可以缩小策略网络 p_σ 的实际搜索范围，即实现了对搜索树的剪枝。

第三，通过强化学习（Reinforcement learning）来提高策略网络 p_σ 的棋力，得到策略网略 p_ρ。p_ρ 的结构与 p_σ 完全相同，其获得方法是，取 p_σ 作为1.0版本，通过左右手互博式的自对弈，得到N个棋谱；接着用这N个棋谱对1.0版本进行训练，得到2.0版本；然后让1.0和2.0版本双方互博，再得到N个棋谱；再用这N个棋谱对2.0进行训练得到3.0。新的版本与随机选择之前的版本进行互博，以产生更新的版本，以此类推。通过n次的训练，最终得到 p_ρ。在整个过程中，自对弈数达到了3000万局。在实测中，它对最强的开源围棋软件Pachi胜率达到了85%，而 p_σ 对Pachi的胜率只有11%。[①] 可以看出，p_ρ 是在人类经验的基础上，再依据机器互博的机器“经验”，从而大幅度地提升了自己的棋力。数据显示，那些使用机器自对弈数据作为训练样本训练而成的版本，都具有较高的棋力，这也为谷歌最终完全放弃人类经验数据埋下了伏笔。

第四，通过机器经验（自对弈数据）对 p_ρ 进行训练，得到一个估值网络 v_θ，这就是AlphaGo的第二个大脑，用于对盘面进行整体的评估。估值网络的体系结构与策略网络近似，在功能上的不同在于它输出的不是一个概率分布空间，而是一个单一的预测结果。它会将无用的走法因其概率较低而剪枝，因此不再进一步往下搜索，从而极大地降低了

① Silver D., H. A., Maddison C. J., etal. “Mastering the Game of Go with Deep Neural Networks and Tree Search”, *Nature*, 2016, Vol. 529 (7587), pp. 484–489.

搜索的深度。

第五，估值网络虽然通过剪枝减小了搜索深度，但是却不能给出最终的决策，最终的落子决策则是通过蒙特卡洛算法实现的。在采样不足的情况下，蒙特卡洛算法可以通过尽可能多次的随机采样，一步一步接近最优解。AlphaGo 就是运用蒙特卡洛树搜索算法，对两个大脑即策略网络 p_ρ 与估值网络 v_θ 进行整合，然后在模拟下棋的过程中对盘面进行评估。“Monte Carlo”一词源自意大利语，就有可疑、随机等意思，但是下棋的时候如果棋手“随机”落子，则必输无疑。因此，AlphaGo 首先使用策略网络来预测人类的落子行为，即在 AlphaGo 的每一个落子动作执行之前，AlphaGo 都要首先运行策略网络，从而获得一个人类棋手落子位置的概率分布；接着，蒙特卡洛搜索算法以这个概率分布为基础再进行“随机”落子。正因二者的有效结合，才使得 AlphaGo 在减小搜索空间的基础上，得到了赢棋概率最高的落子动作。

综上所述，我们可以归纳出 AlphaGo 在执行每一个落子动作之前所做的工作：（1）通过策略网络，以对人类经验和机器经验的统计为基础找出当前盘面下几个相对比较好的落子动作；（2）利用蒙特卡洛树搜索方法，从这几个较好的落子动作中搜索出接近最优的走法——因为在搜索树不是遍历整个搜索空间的情况下，搜索结果可能不是最好的；（3）运行估值网络，对这一落子动作产生的盘面进行评估，得到一个估计值；（4）对估计值和策略网络的模拟结果进行加权综合后得到最好的走法，即实际落子动作。

具体来说，实际落子动作的实现是基于下面这个基本的评估函数完成的：

$$a_t = argmax(Q(s_t, a) + u(s_t, a)) \qquad (式 5—1)$$

这一函数的大致意思为：在棋局 s 下，如果落子位置为 a 的地方，策略网络在模拟过程中所走过的次数，以及对在 a 位置落子后的估值函数，累加起来的值最高，则 AlphaGo 就选择在 a 位置落子。其中：

$$Q(s, a) = \frac{1}{N(s, a)} \sum_{i=1}^{n} 1(s, a, i) V(s_L^i) \qquad (式 5—2)$$

式（5—2）是 AlphaGo 所用的最优的策略函数；

$$V(s_L) = (1 - \lambda) v_\theta(s_L) + \lambda z_L \quad (式5—3)$$

式（5—3）是 AlphaGo 对盘面的估计函数。

最关键的是，在输入与输出的拟合过程中，对参数的调整完全靠机器自身完成，而“深蓝”系统需要人类直接调参。

总之，从对 AlphaGo 的技术分析中我们可以看出，首先，该系统的成功需要数据、硬件和算法，三方互相依赖，缺一不可。数据方面，AlphaGo 将围棋盘面的一个状态 s 抽象为 19 *19 的网格图像，并且抽取出 48 个特征量来表征这一状态。因此，每一个状态 s 是一个 19*19*48 的图像。而在整个训练中，先后用到了 KGS 的 3000 万盘棋局以及自对弈产生的 3000 万盘棋。对一个人类顶尖棋手来说，达到顶级水平所需完成的盘数大约为几万盘。因此，AlphaGo 所用的数据是名副其实的“海量”数据。在硬件方面，谷歌强大的硬件系统为训练深度神经网络提供了基础，与欧洲围棋冠军樊麾比赛的版本使用了 40 个搜索线程，48 个 CPU，8 个 GPU。而最强的分布式的 AlphaGo 版本，则利用了多台电脑，40 个搜索线程，1202 个 CPU，176 个 GPU。与李世石比赛的 AlphaGo Lee 仅用到了 48 个 TPU。在算法方面，AlphaGo 使用了机器学习中的监督学习、加强学习和蒙特卡洛搜索算法。这些算法虽然都早已有之，但是在谷歌大数据以及强大的计算技术的支持下，显示出了巨大的威力。[①]

其次，依靠人类经验，机器最多只能达到人类顶尖水平；而要超越人类，就需要超越人类的经验。相对于人类数据，机器经验数据已经是较优数据。由机器经验数据训练而来的 Value network 可以达到专业 5d 的水平，远高于通过人类经验训练而来的 Rollouts 和 Policy network，如图（5—10）：横坐标表示三种因素的不同结合方式，纵坐标表示棋力水平。

2. AlphaGo Master

关于 AlphaGo Master，DeepMind 虽然没有正式发表文章，但从它的表现以及 DeepMind 团队负责人哈萨比斯在乌镇的演讲中可以大致梳理出一些关键的技术和思想。

① Silver D. H. A. , Maddison C. J. , et al. , “Mastering the Game of Go with Deep Neural Networks and tree Search”, *Nature*, 2016, Vol. 529 (7587), pp. 484 – 489.

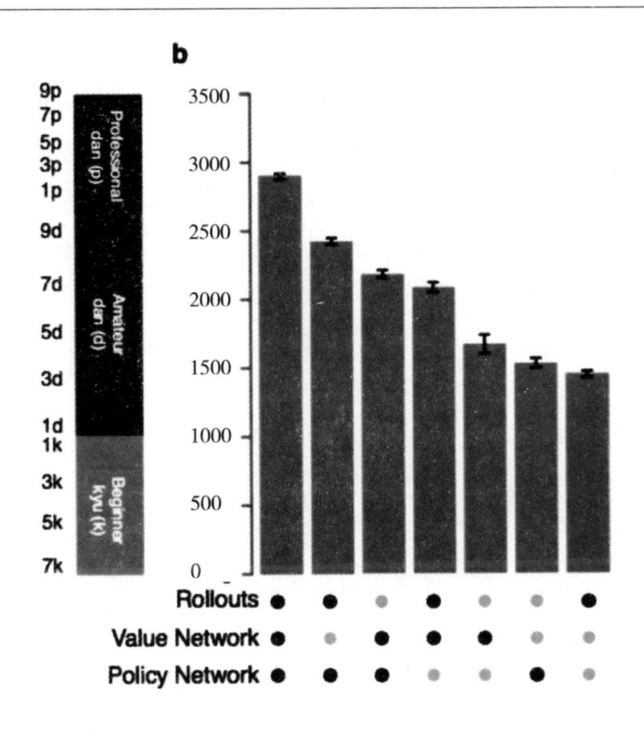

图 5—10　三种网络以不同方式组合后的棋力水平

与 AlphaGo Lee 相比，AlphaGo Master 在下棋的表现上有以下几个典型的特点：第一，落子速度更快，发挥更稳定。上线以来，除了由网络中断而出现的自判和局以外，接连战胜世界顶级高手，对人类的连胜达到 60 局。第二，布局与落子方法极具创造性，并且形成了许多人类高手没有见过的布局与落子方法，对人类极具启发性，使人类对棋理产生了重新认识。柯洁在观看 AlphaGo Master 在线的部分表现后表示：“从来没见过这样的招法，围棋还能这么下？”“看 AlphaGo Master 的着法，等于说以前学的围棋都是错误的，原来学棋的时候要被骂的招法现在 AlphaGo Master 都下出来了。”第三，AlphaGo Master 基本上都是在中盘就已经确定了绝对优势。由此看来，人类棋手经过几千年时间所归纳总结出来的经验知识与 AlphaGo Master 相比，显然不在一个层次。此外，最为关键的是，AlphaGo Master 似乎还有上升空间。

在设计思想上，DeepMind 对 AlphaGo Lee 的两个大脑即策略网络和估值网络做了进一步改造和优化，由于其构架和思路与 AlphaGo Lee 完全相同，所以我们将在下一小节依据 DeepMind 所发表的论文来详细分析。但从其超越人类围棋知识的表现上来说，肯定已经与 AlphaGo Lee 有极大的不同，并且可以肯定的是对人类经验数据的依赖变得更少了。在 AlphaGo Lee 第四局输掉的比赛中，李世石在第 78 手下出的“神之一手”，导致机器如同人类棋手一样产生由于缺乏经验而产生的“慌乱”，并且接连出现了欠考虑的“臭招”，最终落败，充分说明人类经验数据对机器下棋策略的某种限制。

所以，DeepMind 的优化思路是用两个 AlphaGo Lee 自我对弈，用自对弈得到的机器经验数据再进行强化学习，从而得到新的策略网络和估值网络，然后再将两个网络整合，得到一个全新加强的版本 AlphaGo Master。由于这个版本的训练数据完全是机器自对弈的高质量机器数据，因此训练得到的网络更强大，最终也进一步缩小了树搜索的搜索空间。数据表明，在硬件系统上，由于 AlphaGo Master 需要的计算量是 AlphaGo Lee 的十分之一，所以，与柯洁对战的 AlphaGo Master 已经实现了在单机上运行，并且只用到了 4 个 TPU，尽管如此，它的棋力就已经远超 AlphaGo Lee。

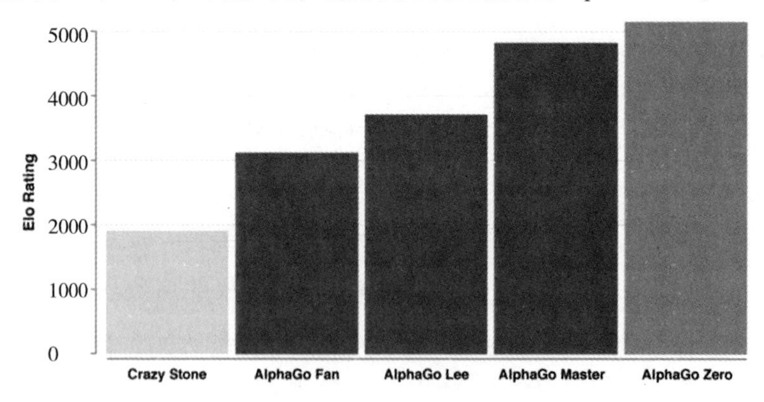

图 5—11　不同版本的 AlphaGo 所能达到的等级

由于在训练过程中完全使用了机器对弈数据[①]，棋力就远远超过了

① Master 没有完全依赖机器数据，原因是最先用于训练数据是由 AlphaGo Lee 自我对弈而来，而 Lee 的策略网络是来自于人类经验数据。所以，黄志杰在赛后表示，Master 并没有完全放弃人类经验。

先前基于大量人类经验数据训练而来 AlphaGo Lee，这进一步证明了人类经验的局限性。而在硬件系统上的低要求说明，人类数据训练而来的策略网络是拖慢系统速度的主因。因此，完全放弃人类经验数据必然成为 DeepMind 的必然选择。

3. AlphaGo Zero

2017 年 10 月 19 日，DeepMind 团队在《自然》发表文章《不需要人类知识的围棋游戏》（Mastering the game of Go without human knowledge），论文指出，由之前 AlphaGo 的训练和对弈经验可以看出：“人工智能的许多进展都是通过监督学习取得的，这些系统通过模拟人类专家的决策被训练，但是专家数据集通常是昂贵的、不可靠的或根本不可用的；即使可靠的数据集，但它们也可能对以这种方式训练出来的系统的性能造成限制。”① 因此，AlphaGo Zero 最大的亮点就是，放弃围棋的人类经验知识，按围棋的规制通过自对弈从而得到机器自身关于围棋的知识。其基本思路和技术特征可以归结为以下几点：

首先，放弃了之前所用的卷积神经网络，而选用了最近才发明的残差神经网络，这个网络比 AlphaGo Master 所用的卷积网络更为复杂，它包含 40 个隐含层，比 Master 多一倍。第二，只用一个大脑，而不是像之前的版本由卷积神经网络训练出的两个大脑——策略网络和估值网络。第三，基于围棋的基本规则，以最为直接和简单的黑白子为输入特征量，进行无监督的加强学习。第四，完全放弃围棋领域的人类经验数据，机器从零开始不断地左右手互博（4900 万盘），寻找和归纳围棋知识。第五，只使用最简单的 MCTS 树搜索，并依赖单一的神经网络来预测落子位置和评估盘面。除以上外，为了提高学习的速度和保证精确、稳定的学习过程，开发和使用了一种新的加强学习算法，训练示意图如图 5—12 所示。

除了以上的技术特征外，AlphaGo Zero 与之前的 AlphaGo lee、AlphaGo Master 等版本在各方面都显示出极大的不同。

在硬件上，AlphaGo Zero 最终也只在具有 4 个 TPU 的单机上运行，

① Silver D., Schrittwieser J., Simonyan K., et al. “Mastering the Game of Go Without Human Knowledge”, *Nature*, 2017, Vol. 550 (7676), pp. 354 – 359.

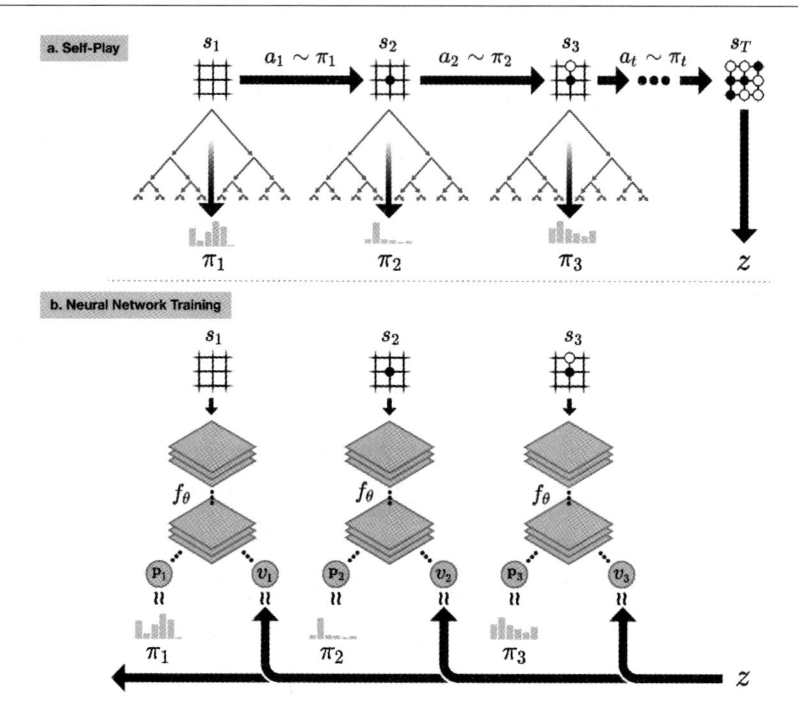

图 5—12 AlphaGo Zero 网络训练示意图

并且在训练三个小时后棋力就达到了 AlphaGo Lee 的水平，而到四十天的时候就能达到 AlphaGo Master 的水平。与之前所有版本之间的棋力等级的对比如下图 5—13 所示。①

在耗能程度上，AlphaGo Zero 在棋力大大提高前提下，同时降低了运行过程中的能耗，极大地提高了效率。耗能情况如下图 5—14 所示。

自围棋诞生以来的千百年的时间里，人们通过无数次的对弈游戏，积累了大量的围棋知识、定式和书籍。而 AlphaGo Zero 只通过三天的训练，其围棋棋力就可以从“儿童”水平达到“超人”的水平，特别是还发现了人类未曾发现的新的围棋知识和定式等。

4. AlphaZero

2018 年 12 月，*Science* 杂志发表论文 A General Reinforcement Learn-

① 图 a 中的曲线表示“棋力水平”随“训练时间”的变化情况。与第一条水平线的交点即达到 AlphaGo Lee 的棋力水平的时间；与第二条水平线相交的地方即达到 AlphaGo Master 棋力水平的时间。图 b 为各版的 AlphaGo 棋力水平的对比。

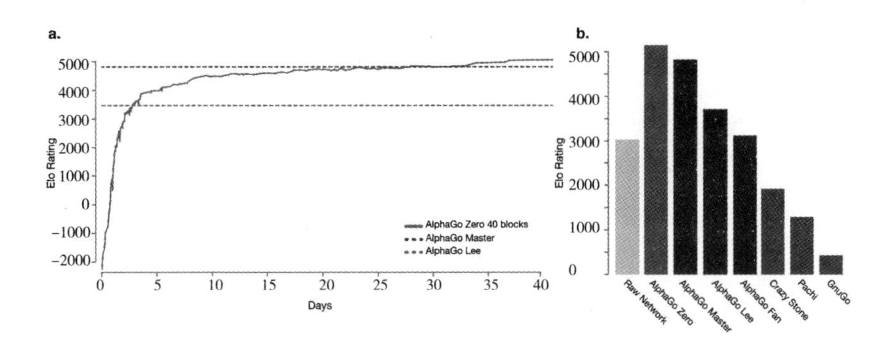

图 5—13　AlphaGo 不同版本的训练时间与棋力的对比

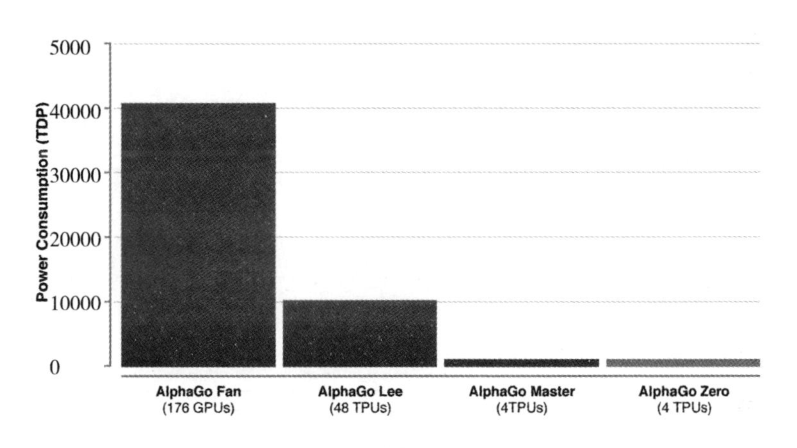

图 5—14　耗能情况对比图

ing Algorithm That Masters Chess, Shogi and Go Through Self - Play（《用通用强化学习算法自我对弈，掌握国际象棋、将棋和围棋》）。论文显示，DeepMind 依据之前的经验，采用新算法开发了单一系统AlphaZero，这套系统竟然在短期的自我学习中，成功地实现了对国际象棋、日本将棋及围棋目前最强智能系统的完胜。论文揭示：AlphaZero 仅用 4 h 的自我学习，就超越了目前最强的国际象棋智能系统 Stockfish；仅用 2 h 的自我学习就超越了日本将棋的最强智能系统 Elmo；仅用 8 h 就战胜了围棋最强智能系统 AlphaGo Zero。[1]

AlphaZero 的出现标志着人类在信息完全博弈领域（至少是棋类游

① Silver D., Hubert T., et al. “A General Reinforcement Learning Algorithm That Masters Chess, Shogi, and Go through Self - play”, *Science*, 2018, 362（6419）: 1087 - 1118.

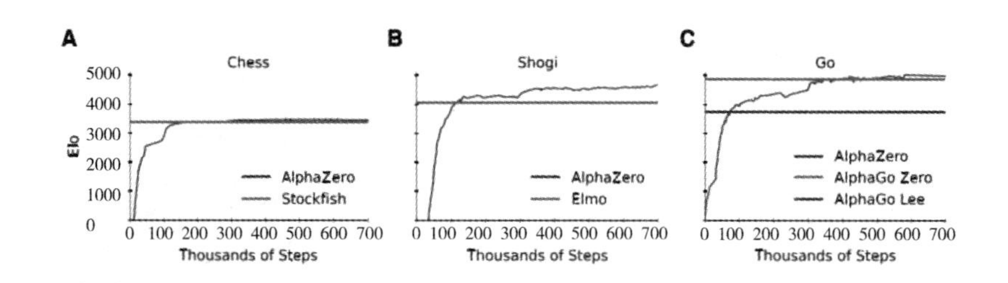

图 5—15 AlphaZero 在训练 700，000 步后所达到的水平

戏）实现通用智能系统的关键性进展。国际象棋大师卡斯帕罗夫在应邀参加 AlphaZero 与国际象棋系统的对战后感慨道：“我真的不能掩饰我自己的满足感，它极具活力，就如同我一样！”①

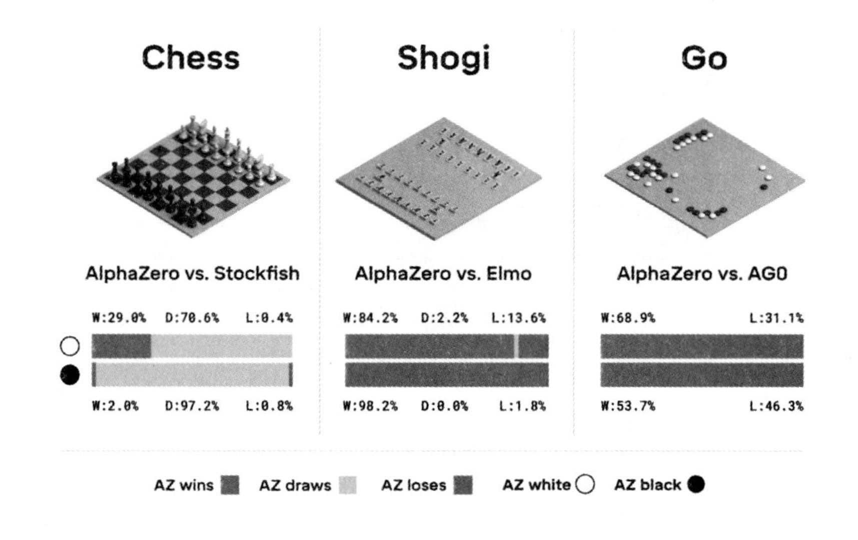

图 5—16 AlphaZero 与象棋、将棋和围棋 AI 的对战结果

综上可以看出，在人类自认为所擅长的棋类游戏领域，机器能在不需要人类经验、专家知识的情况下，短时间内同时掌握多种棋类游戏技能，并且实现对人类的全面超越；而在机器所擅长的方面，“人的因素成为了一种导致错误的诱因。人类，仅凭其迟缓的反应时间和高度的易

① *AlphaZero*: *Shedding New Light on the Grand Games of Chess*, *Shogi and Go*, https://deepmind. com/blog/alphazero - shedding - new - light - grand - games - chess - shogi - and - go.

疲劳性，根本无法与计算机和高速设备相匹敌。”[①] 面对机器的迅速进化和崛起，人类该怎样面对呢?

四　机器崛起——从人的经验到机器“经验”

纵观机器下棋短短二十多年的历史，尤其是 AlphaGo 在不到三年时间的“进化史”，它本质上是一种从基于人类经验数据建构模型到模型自身暴露人类经验的局限性以致最终实现摒弃人类经验、完全依赖机器自主经验并获得对人类完全超越的历史过程。这充分说明：首先在围棋这个领域，受限于人类自身认知能力的局限，人类用几千年时间积累下来的经验数据较之于机器在三天内形成的经验数据，并不是较优数据。难怪柯洁在输掉比赛之后沮丧地表示，围棋从产生到现在已经经历了几千年的历史，但是 AlphaGo 却向人类表明，人类可能还没有揭开围棋的表皮。[②] 聂卫平也说过，人类可以向 AlphaGo 学习。这正好呼应了 2008 年《自然》在大数据专刊中所讨论的主题：“人类从谷歌能学到什么?”其次，AlphaGo 将“大数据 + 算法”相结合的认知模式表现得淋漓尽致。在这种情形下，算法从大数据中寻找相应的模式，其本质就是一种归纳方法，它依赖的硬件基础是谷歌所提供的超强的计算能力。归纳方法是获得新知识的主要方法，因为它的逻辑规则是从单称陈述到全称陈述，是从个别到一般。AlphaGo 对围棋新知识的发现也是基于这种归纳的逻辑。最后，也是至关重要的一点，即 AlphaGo 战胜人类世界冠军的结果，只能说明它在围棋上比人类做得更好，但不意味着是对围棋的全面攻克。因为 AlphaGo 是以胜利、赢得比赛这种实用主义哲学为唯一目标，而不是以追求必胜策略或最优理论的理性主义为目标。要想真正攻克围棋，路也许还很长。就拿跳棋游戏来说，由哈佛大学的舍佛（J. Schaeffer）团队设计的 Chinook 跳棋程序于 1994 年就战胜了当时的

① Sterken C., Manfroid J., *Astronomical Photometry: A Guide*, Springer Science & Business Media, 1992.

② AlphaGo 之父：关于围棋，人类 3000 年来犯了一个错，http://tech.ifeng.com/a/20190301/45321045_0.shtml.

冠军丁斯利（M. Tinseley），但直到2007年，舍佛团队才从理论上证明，对于跳棋，“只要对弈双方不犯错，最终都是和棋。”① 从这种意义上讲，战胜而非完全攻克，这本质上是由于其核心——人工神经网络——的认识论本质所决定的，因为神经网络作为复杂网络系统，通过搭建神经元之间的网络关系，模拟人脑的结构和功能，是对大脑信息处理方式的简化、抽象和模拟，输入与输出之间的对偶是通过复杂的参数调整实现的，因此学习目标的达成并非是基于因果律的。

在完全信息的棋类游戏中，由于本质上每一步棋有固定的走法，如果算力足够强大，则完全可以“计算”每一步棋的最优走法，因此，完全信息的游戏，本质上就是计算。“深蓝”依赖的是高速芯片，AlphaGo则依赖“谷歌大脑”提供的算力以及新算法对搜索空间的剪枝。也就是说，即使仅靠算力最强的谷歌大脑，都无法搜索围棋的所有可能性。但是如果有更强的算力支撑的话，用最简单的暴力穷举法，就能解决围棋问题。比如按照量子计算机的理论，如果能实现600个量子位的量子计算机，其计算能力就能达到10^{180}，这个结果很显然超过了围棋的局面数（10^{170}）。

那么，对于缺乏完全信息的博弈系统如德州扑克，情况又会怎样呢？

由于不可能在特定时刻获得完全的信息，在这种前提下，机器必须像人一样，根据经验或概率知识，对对手的底牌和出牌的可能性做出猜测，然后制定策略。其实，正当AlphaGo的相关研究取得迅速进展时，由卡耐基-梅隆大学的团队设计的德州朴克智能系统Libratus也与人类进行了一场为期20天的一对一的比赛，最终机器以巨大的优势取胜！同样地，这个系统，也是从零开始学习德州扑克，依赖自我对弈的机器“经验”逐渐学习、进化而来。还有DeepMind与牛津大学合作开发的唇读技术LipNet，唇语识别的准确率早已远超人类专家。②

---

① ［美］尼克：《人工智能简史》，人民邮电出版社2017年版，第118—119页。

② 李开复、王咏刚：《人工智能》，文化发展出版社2017年版，第108—111页。

基于以上的讨论，我们有理由做出如下概括：

首先，从 IBM 的“深蓝”，到谷歌的 AlphaGo，再到 AlphaGo Zero，再到 AlphaZero，经历了对人类经验的重新审视以及对机器自身“经验”的新认识。也就是说，对于信息完全的博弈系统，依据强大的算力，机器可以做得比人更好，机器“经验”比人类经验更优。

其次，新算法的开发不仅可以降低机器对算力的依赖，而且可以摆脱人类经验的束缚。机器可以依靠基础规则，通过不断的自我对弈，获得远超人类经验的知识——像前面已经提到的，AlphaGo 的搜索深度比深蓝系统的搜索位置少了很多，这主要归功于深度神经网络算法的使用。

最后，AlphaGo 对于人类最大的启示在于：放弃对人类经验的依赖，深度强化学习算法也许能被广泛应用到其他复杂领域，尤其是信息不完全的复杂系统，如天气、医疗等，这也正是 DeepMind 团队的初衷和目标绝不在于攻克围棋的原因。围棋，只是他们的一块试金石或者小小的试验场，医疗、癌症、天气预测等缺乏完全信息的复杂系统才是他们的终极目标。DeepMind 的负责人哈萨比斯曾在多个场合表示，他们的目标在于将游戏证明过的技术，用来解决医疗等更为复杂的问题——这些问题，即使对于那些最聪明的人也是无计可施的，但人工智能是解决这些复杂问题的一个潜在模式，因此“我们发明 AlphaGo 并以此来探索围棋的奥秘，正如科学家用哈勃望远镜来探索宇宙的奥秘一样。因此，AlphaGo 的发明，并不是为了战胜人类。与人类进行比赛，是为了测试我们的智能算法，因此它只是手段，而不是目的。这些有效的算法应用到真实世界，并为人类社会提供服务才是我们的终极目标。”①

总之，通过本章从深蓝到 AlphaGo 发展线索的回顾，特别是它所展现出来的机器经验本身给人留下越来越强烈印象的特征，即一方面，在不需要人类经验、专家知识的情况下，机器在某些领域达到的认识水平

① 哈萨比斯在剑桥大学的演讲“超越人类认知的极限”，http://scholarsupdate.hi2net.com/news.asp?NewsID=22161.

已经远超人类；另一方面，在机器擅长的领域，人的因素甚至反而成为了一种导致错误的诱因——人类，仅凭其迟缓的反应时间和高度的易疲劳性，根本就无法与计算机和高速设备相匹敌。[①]

事实再一次向我们雄辩地表明：机器的本质已经发生了根本性的蜕变，它已不仅仅是对人类感官系统的放大，也不仅仅是作为人认知和行动的辅助系统，而是逐渐确立了自己独立的价值与“生命”，并且逐渐从认识活动的边缘位置和辅助地位走向了中心位置和主体地位，这种认识论是一种非人类中心认识论的一个非常重要的形式。因此，人类不能总是陷入塞尔（J. R. Searle）“中文屋”论证的泥淖，即声称机器虽然能战胜人类，但它不懂得下棋，机器有的仅仅是“一串串无意义的符号”。毕竟目前的机器与以前的机器有了巨大的不同。即使机器不会像人类一样去“理解”世界，但是在某些方面却能比人类做得更好，因此，人类要谦逊地接受和面对。[②] 那么，人们如何从哲学上看待机器“经验”的崛起，需要什么样的认识论来认识和理解这一现象，是我们下一章重点讨论的问题。

---

① Sterken C., Manfroid J., *Astronomical Photometry: A Guide*, Springer Science & Business Media, 1992, pp. 48.

② Alvarado R., Humphreys P., “Big Data, Thick Mediation, and Representational Opacity”, *New Literary History*, 2017, 48 (4): 729－749.

第六章　以机器“经验”为基础的大数据认识论

笛卡儿在其早期的哲学工作中，对人类的先天优越性做过证明：他设想了一个外形上跟人类的身体没有任何差别却可以准确地模仿人类一切动作的自动机器，但笛卡儿认为这种机器仍旧不是真正的人，原因有二：（1）即使机器能说出几个单词来，它也不能完全像人类一样表达思想；（2）机器只有单一的功能，但人类却能举一反三。[①] 可见，笛卡儿将语言以及像人类一样能举一反三的学习能力作为机器与人划分的标准。但是随着自然语言处理方面取得的进展以及机器学习技术的进步，笛卡儿提出的这种分界标准已经受到了挑战！从目前我们面对的情况来看，这种挑战从本质上讲，来源于机器在感觉系统与计算能力方面所获得的全方位的进展。

与笛卡儿类似，汉弗莱斯在论述机器之于科学研究的作用时，曾引入过一个“全能机器”的假设：“假设我们全都配备了这样一种感觉装置，能够探测出物质世界中存在的每一种物体及其性质——无论微观的，宇观的，还是宏观的；同时假设，我们拥有强大的数学技能，甚至比拉普拉斯妖的能力还强，以至于在我们面前，不但计算变得轻而易举且万无一失，就连极度复杂的数学模型也会像简单的算术表达式一样自然地显现其结构。简言之，我们将获得神一般的认识能力。并且，这还不仅仅是在认识能力上登神入圣。据说在这样一个完备知识的领域里，形而上学的真理将会最清晰地显现出来。如果是这样，那么我们将能够直接了解世界是怎么构成的。在这种情形下，我们还用得着科学吗？我

---

① ［法］笛卡尔：《谈谈方法》，王太庆译，商务印书馆2000年版，第45页。

认为用得着的机会非常小。”[①] 在汉弗莱斯的假设中，机器被赋予了两种能力：其一是全能的感知能力，即把人类的感官系统无限延展；其二是全面的数学能力。如果存在这样一台完备的机器，我们几乎就不需要科学了。在这里，不需要科学可以理解为不需要人类介入科学认识。虽然汉弗莱斯的论证受到了来自心灵哲学等领域研究者的反对，但是这一假设的基础即对机器的两种能力的划分，却指出了机器在不断的演化中其功能和作用进化的本质。很显然，机器“在扩大我们作为人类的天赋能力的覆盖范围方面所取得的成功，已成为科学在认识论和形而上学方面最重要的成就之一。”[②]

汉弗莱斯认为，机器以外推、转换和益增三种方式来实现对人类感知方式的增强以及延伸，如通过在给定方向上对现有感知方式如视觉进行延展的方式，扩展了人类感知能力的阈值，典型的如显微镜和望远镜，这就是外推。而将被某种感官感知的现象转换成可以被另一种感官感知的形式，比如能够显示可视信号的声纳设备，这就是转换；益增则指的就是，对一些以自然的方式无法对人类的感知系统产生影响的性质，机器可以通过益增的方式来实现，如电子的自旋、阿尔法粒子的散射等。但最为关键的是，机器对人类的延伸，并不仅仅限于感觉能力，而且也发生在数学才能上，机器对计算能力的延伸是一个重要的事件。所以，机器在其功能上就有一个逐渐进化的路径——如同我们在前几章中的讨论的那样，机器已经逐渐从认识活动的边缘位置和辅助地位向中心位置、主体地位发展。而这种主体的价值和地位的确立，是在上述两种能力全方位地实现拓展的过程中逐渐产生的，大数据和机器学习技术在其中起到了最关键的作用。

一　机器介入认识的三次革命

历史地看，从望远镜首次被用于科学观察到大数据技术和机器学习

---

① ［美］保罗·汉弗莱斯：《延长的万物之尺——计算科学、经验主义与科学方法》，苏湛译，人民出版社2017年版，第1页。

② ［美］保罗·汉弗莱斯：《延长的万物之尺——计算科学、经验主义与科学方法》，苏湛译，人民出版社2017年版，第2页。

被用于科学研究的400多年历史中，机器的地位和作用发生了三次重要的变化，我们称之为机器介入认识的三次革命。

第一次革命发生在近代科学革命发生的伊始，当时，机器仅仅以外推的方式实现对人类感觉器官的延伸，如望远镜用于天文观测。之后的很长时间里，随着科学的发展、技术的进步，以外推、转换和益增及其组合的方式而形成的机器，被广泛地应用于科学研究，机器逐渐成为人类从事科学研究的不可或缺的辅助系统，如显微镜、摄谱仪、电子隧道传感器等。

第二次革命发生的标志是电子计算机被引入科学研究中。如前所述，机器不光可以延伸人类的感知能力，还可以延伸人类的数学能力。历史上各种机械类计算器如算盘、对数卡尺等，都是对计算能力的拓展。尽管如此，第二次革命真正发生是在电子计算机出现之后的事情。电子计算机由于其强大的运算能力，为人类承担了大量、无法用人力来完成的复杂的计算，而这次革命在认知领域催生了一门新的科学——计算科学。这次革命从20世纪40年代开始启动，并在20世纪最后20年里得到了迅速发展。虽然有观点认为，计算机并没有为科学注入新的东西，因为它只不过是通过高性能的计算装置增强了的数值方法。但是单从实践上来讲，如果让人类不借助计算机去解决诸如炮弹发射、卫星发射的问题，显然是无法完成的。2013年，由中国国防科技大学设计的天河2号超级计算机的峰值计算速度达到了每秒54902.4万亿次浮点运算，而一台万亿次浮点运算级别的机器运行3小时可执行的计算量如果让一个人来完成的话，要花掉相当于整个宇宙年龄的时间。这种对人类计算能力的强大的外推使人类进入了一个从量变到质变的领域，因为这些模拟除非是放到计算速度远远超过人类计算能力的领域中，否则根本无法付诸实现。雅克·艾吕尔（Jacques Ellul）于20世纪80年代在其著作《技术系统》（*The Technological System*）中对计算机所带来的认识论革命作过精辟的论述，他认为，计算机的产生和发展，使得一种技术组合的内在系统得以实现，它所能达到的信息处理的水平是任何人、任何人类群体以及任何机构都无法企及的。而且，技术越是先进，越多的技术产品就会变得越来越独立、越来越有自主性和不相干性。

第三次革命的标志是大数据和机器学习技术的出现。近几年出现的大数据和机器学习技术，使得机器在某种程度上可以模拟人的“学习”行为，即自身通过传感系统感知世界以获得经验，并且可以从大量经验数据中获得一般知识，AlphaGo 的诞生便是一个典型的代表。计算机极大地扩展了人类大脑的存储、记忆和计算能力，而大数据和机器学习技术的出现则使机器获得了如同人一样的“学习”能力，这是机器对人类认知能力的一种本质性的扩展。在第五章对 AlphaGo 的分析中，我们已经看出，AlphaGo 已经具备了类似于人类的棋感，这种能力的出现，正是基于机器所具有的学习能力。目前，人工智能方面的许多突破的推动力都与机器学习有直接的关系，这就使得机器的学习能力成为人工智能研究中最引人入胜的地方——因为人类在还没有弄清楚儿童是怎么学习的时候，机器已经可以和人类一样学习了。[①]

简言之，在这三次革命发生的历史进程中，机器在认识中所扮演的角色和地位发生了两个显著的变化：其一是机器从对人类的增强、辅助作用，逐渐演化为以主体地位进行认知，从而逐渐确立了以机器为主体的认识形式；其二是机器从认识论的边缘逐渐走入了认识论的中心，使得人与机器的关系发生了变化，从而形成了一种非人类中心认识论的新形式。这也应证了西蒙栋对技术系统化的思考，他认为技术的系统化使得人类被去中心，并且只有当人以操作者和操作对象的双重角色介入技术活动时，才会越过被去中心从而不被异化的界限。[②]

二　人类中心认识论与非人类中心认识论

（一）人类中心认识论

所谓人类中心是指人类比自然界其他事物有更高的价值，然而这一

---

① ［美］迈克斯·泰格马克：《生命 3.0》，汪婕舒译，浙江人民出版社 2018 年版，第 93—103 页。

② Simondon G.，“The Limits of Human Progress：A Critical Study”，*Cultural Politics：An International Journal*. 2010，Vol. 6（2），pp. 229－236.

评价是人类的自我评价。辛普森（G. G. Simpson）的论调体现了人类中心的思想内核：“人是最高级的动物。他自己就能够做出如此判断的事实本身就是一个明证，证明这一结论的正确。反之即使他是最低等的动物，当他考虑其在事物序列中的位置，希望寻找一个基础以指导自己的行动并对它们做出他的评价时，人类中心主义的观点仍然明显地是他最应当采取的。”[①] 这种论述突出了人对于其他生物的先天的优越性，即人类具有某些其他动物所不具备的品质。

人类中心主义的思想具有久远的历史渊源，这一观念是贯穿于整个西方历史的普遍信念，直到19世纪末期才有所松动。[②] 对人在认识论中的中心地位的强调，哲学史上可以追溯到古希腊哲学家普罗泰戈拉，他的名言“人是万物的尺度”即体现。他认为：人类存在时万物存在，人类不存在时万物不存在。虽然对于普罗泰戈拉的“人”是作为类的人还是作为个体的人，“尺度”是理性还是个人的主观感觉并无统一说法，但是毫无疑问，在那个自然哲学学派众生的时代，将“人本身”确立为认识论的根本立足点是一个重要的理论建树。此后，无论是经验论还是唯理论，都在倡导人在认识中的中心地位与价值。如弗兰西斯·培根所倡导的“一切知识都起源于感觉经验”，确立了人在认识论中的中心地位，因为“经验”，指的就是人的经验，是人们通过感觉器官对自然的感觉表象，这是认识的起点。唯理论的奠基人笛卡儿在“我思故我在”的哲学思辨中，以人是唯一可以“思想”的动物为基础，通过“思”可以确立对象和自身的存在。所以，无论是经验论还是唯理论，它们都为以人类为中心的认识论提供了不同的方法论原则——经验的和怀疑的方法。此后，康德所掀起的关于认识论的“哥白尼式革命”又提出了“人是目的”的论断，为人在认识论中的中心地位争得了价值认同。近代以来，科学的迅速发展正是得益于以人为中心的认识论传统。关于这种认识论传统，中国科学院大学的苏湛博士就认为，它存在一个重要的预设，即“默认人类为认识活动的唯一主体；以人类的感

---

① W. H. 默迪：《一种现代的人类中心主义》，章建刚译，《哲学译丛》1999年第2期。
② W. H. 默迪：《一种现代的人类中心主义》，章建刚译，《哲学译丛》1999年第2期。

官或心智作为认识的终极标准；默认对感觉信号的理解只能由人类心智来完成。”①

（二）非人类中心认识论及形式

非人类中心主义是伴随着人们对“人类中心”的批判而出现的，其中批判最为猛烈的是德国思想家恩斯特·卡西尔（Enst Casser）。他认为：“人总是倾向于把他生活的小圈子看成是世界的中心，并且把他的特殊的个人生活作为宇宙的标准。但是人必须放弃这种虚幻的托词，放弃这种小心眼儿的、乡巴佬式的思考方式和判断方式。”②其实，到了19世纪前后，非人类中心主义的思想就得到了快速的发展，比如拉·美特里（JOD La Mettrie ）将人看成是一种高级的和复杂的机器，与其他动物只有量的差别而无质的差别——他实际上是否定了人对于其他动物的优越性和特权。后来，随着全球性的环境与生态问题的暴发，非人类中心主义形成了许多不同的形式，如动物权利论、生物权利论、大地伦理学、深生态学、生物区域主义、生态女性主义等，虽然这些流派的具体观点都千差万别，但是它们都有共同的主张：第一，否定存在着一种天然地介于人类与自然物之间的界限和鸿沟，也不承认人类先在的优越性；第二，与人类一样，其他自然物也具有固有的价值；第三，自然物与人类一样拥有道德权力，比如著名的生态哲学家霍尔姆斯·罗尔斯顿（Holmes Rolston）认为，自然的价值可以定义为一种被储存的成就，它如同生命及其遗传信息，即使在荒野中，不管人是否体验它，它都客观地存在着。③

随着非人类中心主义的发展以及对人的优越性的批判，尤其是随着计算机作为一种扩展人类的计算能力的仪器被广泛应用到人类认识之中以来，人们开始思考计算机的认识论价值，并且逐渐对人类在认

---

① 苏湛：《汉弗莱斯对传统认识论的批判与非人类中心主义认识论》，《自然辩证法研究》2018年第10期。

② ［德］卡西尔：《人论》，甘阳译，上海译文出版社1985年版，第20页。

③ ［美］霍尔姆斯·罗尔斯顿：《哲学走向荒野》，吉林人民出版社2000年版，第189—190页。

识中的中心地位产生了疑虑。20世纪90年代，美国科学哲学家汉弗莱斯通过对计算科学的深入研究，发现传统的人类中心主义认识论教条与现代科学认识活动越来越不相符，因为现代科学研究越来越多地依赖于机器设备，并且越来越遵从于计算机的权威。机器在准确性、精确性和解析度方面已经远超人类，而且机器的这些优势是被科研人员所普遍承认的，因为，人类已经被深深地嵌入到具有非人类认识主体的网络中，这种网络的基本节点是仪器、计算设备和实验装置。①汉弗莱斯断言，“对科学经验主义者而言，对无辅助的人类感觉器官那高度偶然和高度有限的力量如此拘泥是毫无道理的”。②他还强调，传统的以人类为中心的认识论已经成为限制新科学研究方法发挥潜力的障碍，因此“对于越来越多的科学领域来说，一个完全以人类为中心的认识论已经再也不合时宜了”③，基于此，他提出了非人类中心主义认识论的主张。

但是由于不透明表征是计算机引入科学所带来的主要认识论障碍——在一个高级的计算过程中，没有人能够完全地、严格地追踪计算机所做的每一个步骤，这就使得计算科学的认识论在本质上有别于传统的数学证明和科学推导，它必将导致认识论的不透明性。而大数据与机器学习的产生又使得这种不透明性问题进一步突出出来，因此在关于大数据的哲学研究中，他认为目前的任务是要为计算科学、大数据这些以不透明表征为核心的认识方式发展出一种认识论，使人们在纯粹的臆想和各种过时的经验主义之间找到一个可辩护的哲学立场。苏湛博士将这种非人类中心的认识论归结为以下三点：

（1）放弃以人类感官作为认识自然的终极判据；

（2）取消人类作为观测数据的终极判读者的特权；

（3）打破只能由人类充当认识主体的教条。

① 刘益宇、薛永红、李亚娟：《突现、计算科学及大数据》，《哲学分析》2018年第2期。

② ［美］保罗·汉弗莱斯：《延长的万物之尺——计算科学、经验主义与科学方法》，苏湛译，人民出版社2017年版，第45—46页。

③ 苏湛：《汉弗莱斯对传统认识论的批判与非人类中心主义认识论》，《自然辩证法研究》2018年第10期。

并且认为，满足（1）即为弱非人类中心主义，同时满足（1）（2）（3）的即为强非人类中心主义。①像我们在第三章的分析已经指出的那样，当人类被驱逐出认识论的中心之后，谁将成为认识论中心？是机器？还是“人—机”系统？抑或是其他的某种非人类存在物？

汉弗莱斯以及苏湛博士都绕过了这一核心问题。我们前面的分析已经表明，非人类中心的认识论的提出，是由于以计算机为代表的机器系统在认识过程中的地位和作用发生本质改变并被我们所认识。在这一过程中，人们对人、机器以及“人—机”关系都有了全新的理解。如果我们将人和机器放在同等的主体地位来看待的话，那么这二者之间将形成三种形式的关系：人作为绝对的主体、机器作为绝对的主体以及“人—机”协同系统作为主体，如图6—1所示。

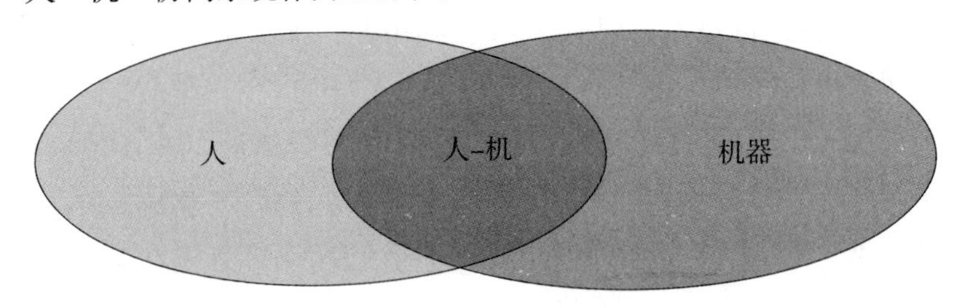

图6—1　三种认识主体

以人为认识主体的属于人类中心主义的认识论形式，而以机器、“人—机”系统为认识主体的均属于非人类中心的认识论的形式。

假设对自然界的认识可以通过人，也可以通过机器来实现的话，长期以来，人类长期致力于通过“人”本身来研究自然，这种研究开拓了巨大未知领域，产生了大量的知识，计算机模拟技术出现之前所获得的知识都属于此。而通过机器来认识自然，尤其是以机器为绝对的主体来认识自然，是计算机被发明并逐渐被应用到探索未知世界之后才被人们不得不接受并重视起来——机器尤其是计算机的产生对人类认识空间的拓展是空前巨大的，这种能力是人类本身无论如何都无法企及的。特

① 苏湛：《汉弗莱斯对传统认识论的批判与非人类中心主义认识论》，《自然辩证法研究》2018年第10期。

别是随着机器的逐渐进化，由机器所拓展的认识空间将越来越大，机器的这一进化路径将逐渐形成独立的的认识论主体地位和价值。如同语言、思维的形成是人在进化路径中的重大转折一样，大数据和机器学习技术应该是此类认识的开端。前者造就了认识论的人类中心主义，后者则造就了认识论的机器中心主义。因此，当人类接受这一认识论形式和价值之后，它所带来的认识空间的拓展将是人类不可想象的。

在“人与机器”的交叉地带，我们称之为“人—机”主体的地带将随着人和机器的分别进化而得到发展。这是非人类中心的认识论的一种形式，而且是大多数人愿意接受、并且很有前途的一种认识论形式。交叉地带形成于机器进入人类认识之初，即机器对人类的认识的补充、辅助，终极目的则在于“人—机”交互的共同体主体出现。其结果是“机器是人，人亦机器”，人机达到所谓的“上手”的程度，并且可能是人类进化的方向。因此，对于机器中心的认识论，人与机器构成一种相互促进的关系，人类可以通过机器，使自身进一步进化，获得更多的智能。正如美国物理学家迈克斯·泰格马克（Max Tegmark）在《生命3.0》中所指出的一样，技术赋予了生命一种力量，可以让生命走向空前的兴盛。

泰格马克正是把人与机器并列并将二者置于整个生命演化的历史长河和未来演化的可能空间来考虑问题的。在《生命3.0》中，泰格马克将生命分为三个阶段，生命1.0，生命2.0和生命3.0。生命1.0即生物阶段，生命的硬件、软件都是靠身体本身进化而来的，二者皆由DNA决定。生命2.0阶段即文化阶段，硬件是靠进化得来的，但是软件很大程度上在于自身的努力和设计。人类长期处于这一阶段。在这一阶段，人类本质上无法设计自己的硬件，但是大部分软件还是靠自身的设计而不断进步，如语言、科学知识、计算等。由于具有软件设计的能力，不仅使得生命2.0比生命1.0更加聪明，也更为灵活。比如环境改变时，生命1.0只能通过慢慢进化来适应环境的改变，而人类有了学习能力之后，就可以通过学习将“软件”编入大脑，从而增强自己的整体实力。生命1.0和生命2.0的本质区别在于，生命1.0的软件是写死在DNA中的；此外，储存信息的能力也很差。但是人脑中的神经元突触的数目使得储存信息的能力越来越强，并且突破了基因的桎梏，人类总体的知识量快速增长，即共同的软件发生着空前速度的文化进化，逐渐成为塑造人类的主要力量。但是生命 2.0 阶段的生命形式仍旧受到许多限制，尤其是在硬件方面，比如人类的视觉、嗅觉、脑存储能力、计算能力、以及寿命等，都是有局限性的。因此，生命需要最终的升级，即设计自身的硬件。生命 3.0 阶段，人类才真正成为自己命运的主宰，最终突破进化的束缚。因此，人工智能的崛起将迫使我们放弃人类中心主义的价值观而变得更为谦虚。[①]《人类简史》的作者尤瓦尔·赫拉利对人类进化路径的预测与此也如出一辙：（1）人类改造基因序列，很显然人类目前已经有成熟的技术可以做到这一点；（2）人与人工智能结合，即人—机融合；（3）制造“生化人”。[②] 而所谓的“生化人”即生命 3.0，是“人—机”的高度统一。

关于人、机器在认识论中的地位和关系问题，保罗·多尔蒂（Paul R. Dougherty）等人在《机器与人——埃森哲论新人工智能》一书中也有详细的讨论。他们根据认识的形式及其特点对机器与人在认识中的关系进行了分类，如下表所示。

表 6—1　　人—机关系与认识能力

<table>
<tr><td>领导</td><td>共情</td><td>创作</td><td>判断</td><td>训练</td><td>解释</td><td>维系</td><td>增强</td><td>交互</td><td>体现</td><td>处理</td><td>迭代</td><td>预测</td><td>适应</td></tr>
<tr><td colspan="4" rowspan="2">人类专门活动</td><td colspan="3">人类弥补机器的不足</td><td colspan="3">人工智能赋予人类超能力</td><td colspan="4" rowspan="2">机器专门活动</td></tr>
<tr><td colspan="6">人机协作活动</td></tr>
</table>

① ［美］迈克斯·泰格马克：《生命 3.0》，汪婕舒译，浙江人民出版社 2018 年版，第 31—39 页。

② ［以］赫拉利·尤瓦尔：《未来简史》，林俊宏译，中信出版集团 2017 年版，第 25 页。

显然，这一分类更为细致地区分了人、机器以及人—机系统各自的功能和认识空间。虽然他们将“人工智能赋予人类超能力”的部分称之为“缺失的中间地带”，即长期被忽视的部分①，但是从认识论中的主体来看，它恰好反映了人与机器在认识论之中的复杂情况。

依据上面对人—机关系、地位和性质的分析，我们认为：

第一，人的归人。人有人所属的特有的认识能力和价值，它们是其他事物（这里主要指机器）无法替代的。至于哪些功能是机器无法替代的，这依然是一个需要认真研究的问题，因为人和机器都在不断进化，并且人类对自身的认识、对机器的认识都在发展。在多尔蒂等人看来，目前人类的优势主要在于领导、共情、创作和判断，机器的优势则在于处理、迭代、预测和适应——这是基于对目前机器的能力的估计所做的对人的判断，因此既是对人的判断，也是对机器的判断。

第二，机器的归机器。机器在不断延伸人类感知系统的同时，逐渐确立了自身在认识中的独立地位，因为它可以像人类一样去认识世界。从简单的机器到目前最为复杂的具有学习能力的机器，机器的能力被不断地扩展和放大，从机械性的速度、耐力、强度等，到认知性的识别、处理、计算等，机器获得了全方位的进化。多尔蒂等人所说的处理、迭代、预测和适应，正是目前的机器在认知方面具有的优势。

第三，“人—机”结合作为一种进化方向。人与机器在进化进程中不断融合，最终路径将是“人—机”统一体——亦人亦机，机器与人高度集成，完美协作。目前的“人—机”协作的模式，的确可以按照多尔蒂等人所讲的两者互补的情况，即人类可弥补机器的不足，机器也可弥补人类的不足。机器的诞生，从本质上来说是对人类自身的解放——把自身从繁杂的体力劳动中解放出来，但是在“解放”的过程中，必然对人类的能力进行了弥补，如望远镜、显微镜弥补了人类视觉的不足，计算机弥补了人们运算能力的不足，这也正是机器能发展成为

① ［美］保罗·多尔蒂、詹姆斯·威尔逊：《机器与人——埃森哲论新人工智能》，赵亚男译，中信出版集团2018年版，第120页。

独立的认识主体地位的原因所在。目前，随着传感技术、互联网技术以及脑机接口技术的发展，“人—机”融合方面已经有了很大程度的发展，但是距离高度融合的统一体还有很长的路要走，因为这一演化路径既需要人类自身的不断进化，也需要机器的不断进化。

第四，理解机器就是在理解人类本身。长期以来，人类对持有两种相互矛盾的态度，“一方面，把它们当作纯粹而简单的材料组合，完全没有真正的意义，只提供实用价值。另一方面，假定这些物体也是机器人，它们对人类怀有敌意，或者它们对人类构成不断的侵略或叛乱的威胁。”这种态度或者看法无疑是错误的，因为其本质就是以人类为中心的，反映了人类的自大、褊狭与无知。西蒙栋认为：“人与机器之间的对立是错误的，是没有根据的。其根本原因仅仅是无知或怨恨。它用一种易变的人文主义的面具来蒙蔽我们，使我们看不到一个充满人类奋斗和丰富自然力量的现实。这个现实是技术客体的世界，是人与自然之间的中介。”[①]

此外，托马斯·瑞德（Thomas Rid）在《机器崛起》中将机器的崛起分为三个阶段，第一个阶段就是拟人化机器的制造，这个阶段的目的在于制造仿佛具有血肉之躯的机器，20 世纪 40 年代末计算机的出现将这一阶段发展到了一个新的高度，因为机器能够“真正地”思考和作决定了；机器崛起的第二个阶段不再是通过人的形象来塑造机器，而是根据机器的形象来塑造人类，目的是要借鉴蕴含在机器装置中的生命之光，不光适用于人的身体，而且适用于人的心灵。[②] 也就是说，机器本身可以成为理解和认识人类自身的重要参照物。因此，建构以机器为主体的非人类中心的认识论，可以消除人与机器的对立的情绪和状况，承认机器在认识论中应有的价值，使人类以一种宽大的胸怀接受人之外事物在认识中的价值，这对于我们认识自然、宇宙，理解人类自身是不

---

① Simondon G.，“On the Mode of Existence of Technical Objects”，*Deleuze Studie*，s，2011，5（3），pp. 407－424.

② ［德］托马斯·瑞德：《机器崛起——遗失的控制论历史》，王晓、郑心湖译，机械工业出版社 2018 年版，第 316—318 页。

可或缺的渠道，因为真正的技术进步就是人类的进步。[①] 这也就是为什么波斯特洛姆（Nick Bostorom）等人主张，我们应该用更具包容性的后人类尊严（Posthuman Dignity）来代替人类中心主义的人类尊严，因为这种后人类尊严不再强调人类在起源上的各种优越性，而是追问我们人类是什么以及可以被塑造成什么？人所以成为人，不仅仅是源于我们的生物性，更在于技术和社会的语境。从漫长的历史演化中可以看到，人类与技术交互作用、协同构筑并相互塑造，这就是人具有的可塑性的本性。[②] 因此，后人类尊严为我们处理人与机器的关系提供了最好的理论和方法。

三　以机器为主体的认识论

从上面的论述可以得出：（1）机器可以作为认识的独立主体；（2）机器“经验”可以成为建构以机器为主体的认识论的基础，这意味着一种以机器为主体的非人类中心的认识论的构想是可行的。

提出以机器经验为基础的认识论，实质上是把机器置于与人类具有相似的认识能力的地位上——当然我们也需要承认，机器在有些方面远不如初生的婴儿，而在有些方面是远超人类的。尽管如此，机器在其所擅长的领域，可以通过特殊的认识方式实现知识的积累，这是无可争议的事实。因此，我们必须认真研究、分析机器认知的过程，特征和价值等。

首先以机器为主体的认识论，是以机器“经验”为基础的，其认识过程可以一般性地表述为：

a．机器获得关于特定对象 P 的大数据经验 Φ；

b. 将经验 Φ 用于特定的算法 $\forall$；

c. 得出一般的机器知识 Q。

---

① Simondon G.，“The Limits of Human Progress：A Critical Study”，*Cultural Politics：An International Journal*. 2010，Vol. 6（2），pp. 229 - 236.

② Bostrom N.，“In Defense of Posthuman Dignity”，*Bioethics*，2005，Vol. 19（3），pp. 202 - 214.

在第二章，我们已经充分地解释了这种获得知识的逻辑顺序（如图 6—2）。

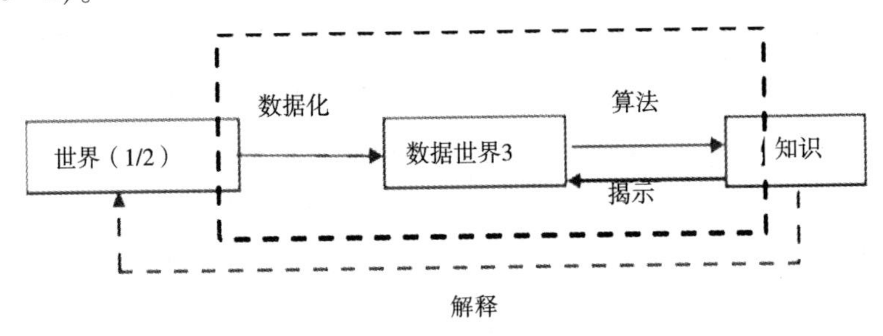

图 6—2 机器认识的路径

（一）机器“经验”

机器“经验”，作为以数据来表征的经验，它首先是数据化的；其次具有大数据的特征，包括大量、多维、快速以及在整体上的完备性和自动化特征，是对世界 1、世界 2 的遍历性、历时性的表征。因此，机器“经验”可定义为机器在全面扩展和延伸了人的感知系统的基础上对事物的反映与表征。它与人的经验有相似性，但也有区别，具体表现在：（1）人的经验可以在主体间交流与学习；学习的过程会对原经验进行改造，因为对经验的学习是以一定的知识背景、认识能力为基础的。（2）与此对应，机器“经验”可以在不同的机器之间进行复制，复制的过程不会改变原有经验。（3）机器可以学习人的经验，即人的经验数据直接可以为机器所用；同样，人也可以学习机器的“经验”，传统科学中对机器数据的利用也可以看成是对机器“经验”的学习。但是，人对机器“经验”的学习与机器对人的经验的学习最大的区别在于学习的速度与量的大小，机器由于具有超强的传输速度和巨量的贮存能力，使得人类望尘莫及。

（二）算法

算法作为规则系统，类似于数理逻辑，但不完全能与数理逻辑划等号，因为数理逻辑是透明的，而复杂的算法存在很多“黑箱”，即我们只能看到输入和输出是否符合预期，但无法了解、跟踪其内部结构与步骤。另外，随机性以及涌现性本身就是复杂系统的特征，而以复杂神经网络为代表的复杂算法，对于复杂系统具有较强的映射能力。正是因为神经网络本身就是构筑于非线性动力学基础之上的，也就是说它本身就是一个高度复杂的非线性动力学系统，所以在其运行的过程中会随机地涌现出什么来，人们是无法准确预测的，也就是说，不透明性是复杂算法的天然属性。

（三）知识

机器知识具有一些很突出的特征，我们简单归纳如下：

其一，前面我们已经论述过，大数据方法并不追求知识的严密的逻辑和因果链条，而是以效用和实用性为判断、取舍的标准的。[①] 在实践中，用大数据结合较少的迭代训练得出的“粗糙”的模型，要比用少量的数据经过复杂的深度学习获得的模型的效果要更好；当然，用大数据经过复杂的深度学习算法训练出的模型的效果则会更好。[②] 但是，深度学习从本质上会涉及到不透明性，不言而喻，这种机器知识存在的最大问题就是不透明性。

其二，机器知识首先要满足它的有效性和实用性，客观上必然是针对具体事物以及它所处的情境的，因此它必然具有情境性。这种情境性也来自于大数据本身，因为要实现“全样本数据”的大数据理想，必然要为其设定相应的数值域限。这种域限在实践或工程上与情境相对应。[③] 所以如同其他知识一样，机器知识也具有严格的适用范围。

其三，我们赞同汉弗莱斯所提出的“第四类知识”类型，即“未知的已知”——有关这方面的情况，我们在第三章中已经有过讨论，

① 董春雨、薛永红：《大数据时代个性化知识的认识论价值》，《哲学动态》2018 年第 1 期。

② 吴军：《智能时代：大数据与智能革命重新定义未来》，中信出版集团 2016 年版，第 250 页。

③ 吴军：《智能时代：大数据与智能革命重新定义未来》，中信出版集团 2016 年版，第 250 页。

示意图可参见图3—4。这种赞同首先是出于他完成了一个重要的关于知识的分类拼图，也是基于我们对于简单、对称和统一等美学原则的认同。但在这里需要强调的是，机器知识不完全都是“未知的已知”，比如在算法透明的情况下，人类是可以理解由这种算法得到的知识的。尽管如此，正如汉弗莱斯所讲的，不透明的知识可能将长期存在——这就对这类知识的确证指明了一条方向，即对于由不透明的算法产生的知识实现“原则上”的透明化。“原则上”的限定是出于对于知识产权的考虑，因为机器知识涉及到技术创新和应用，它与开发者的利益直接相关。因此，“原则上”即在保障知识产权的前提下，可以被人类理解和解释的。Deepmind公司发表的关于AlphaGo的系列论文中，对于技术原理、训练方法以及数据都有详细的说明，但是如果其他公司或个人在数据和硬件相同的情况下，按照其在论文中披露的细节，想设计出同样功能的机器仍旧是不可能的。因为其核心技术涉及知识产权，因此有保留的情况。但是尽管如此，我们也会认为AlphaGo是被确证的一类机器知识，因为相关行业的工程师依据背景知识和已经公布的技术细节，基本上会判定它是能被人类理解和解释的知识。

四 机器知识的确证与增长

按照逻辑经验主义的观点，科学进步的标志就是人类关于事物的确证后的知识的积累，即科学是一种累积性的事业。因此，机器知识的增长也成为以机器为认识中心的科学事业进步的依据。但关于机器知识的确证与逻辑经验主义关于知识的确证是有所区别的，它主要表现在确证标准的不同方面。

我们认为，对机器知识的确证分为功能和心理两个层面。功能层面的确证指的是知识与其对应的具体问题之间的符合程度，表现为准确、有效或实用性等。如果用大数据所训练的预测模型具有极高的准确性，则该知识获得了功能层面的确证。机器知识的形成是否包含不透明性，是否能在原则上消除造成不透明的内部约束和外部约束，使知识的产生过程达到透明，从而对人类来说具有可解释性和可理解性，这就是心理层面的确证。只有当心理层面达到了确证时，知识才可以被认定为最终的确证，即机器知识 Q 获得确证的条件是——当且仅当：

a．获得了功能上确证；

b．且，获得了心理上的确证。

因此，机器知识的进化的最重要的一个方向是条件 *b*，即对人类来说，我们需要实现对机器知识的最大可理解性或可解释性，亦即消除其不透明性。目前来看，机器知识不透明性的来源主要有三个方面：数据霸权、知识产权和算法黑箱[①]，其中数据霸权、知识产权均属于外部约束，算法黑箱属于内部约束。

外部约束不涉及系统运行的机理，因此在理论上不会构成绝对的不透明。比如对于特定的个体或团体，数据可以是完全公开的。另外关于系统如何运行，包括模型的搭建和训练方法，也会涉及到知识产权，如 AlphaGo 系统，其运作机制在本质上是数学化和程序化的，因为其核心就是深度神经网络，是通过一定的规则搭建而来的，并且在数据的训练过程中不断地迭代和改变权重以达到预期目标。这种重要的科学技术创新涉及到知识产权，是出于对技术生产者利益的保护而在法律上的一种保证。但是很显然，这仅仅是在法律上的保护，因此也不会造成绝对的不透明。比如 DeepMind 公司要想公开发表与 AlphaGo 有关的成果或者申请专利保护，在论文和专利中都需要公布一些必要的技术细节，而专业审读人员可以通过细节审查该系统的运行机制，所以外部约束在原则上不会造成绝对的不透明。

造成机器知识不透明的关键就在于算法黑箱。如前所述，因为深度神经网络包含着很多隐含层，科学家无法说明算法在经过大数据的训练和无数次的迭代之后所产生的优化结果出自于哪个节点；还有就是在复杂的算法实践中甚至会出现算法在运行中出错的情况，就如同人类大脑出错一样，科学家们同样无法给出合理的解释。总之，种种“偶然性”的出现，归根结底是由这些隐含层的存在所导致的，因此将很有可能使

---

① 汉弗莱斯将“计算能力”作为不透明性的原因之一。我们在这里不将其单独列为原因之一，是因为我们的论述就是以人不具备这种高度的计算能力为基础的。

机器在学习过程中不受人类的控制，这也正是人们对人工智能持警惕态度的原因所在。我们把这种由算法本身即内部约束造成的对人类的不透明称为算法黑箱，它是目前基于人工神经网络算法情况下机器知识具有的不可避免的基本属性。如何消除由内部约束造成的这种知识的不透明性？有待于人类对隐含层的认识，尤其是有待于复杂性科学的进展。当然在实践中，也有其他一些路径可以避免内部约束造成的不透明，如《英国人工智能发展计划、能力与志向》中所提出的方案：

（1）建立可解释的智能系统，即搭建与黑箱系统具有相同功能的透明的系统；

（2）适当牺牲系统预测的准确性以确保透明性；

（3）延迟将不透明模型用于重大领域的时间，等等。[①]

这些方案都表明，人们在尽可能地使不透明系统不超出人类的掌控。但是就目前人工智能的实践来看，并没出现由算法黑箱所导致的不受人类尤其是软件工程师控制的现象，反倒是外部约束——数据霸权和知识产权——成为算法不透明问题的关键。如由于数据公司不公布数据的来源以及使用方案，致使在实际应用中会出现歧视与不公正等问题——这正是《黑箱社会》的作者弗兰克·帕斯奎尔（Frank Pasquale）所指出的大数据导致的黑箱社会的关键。[②]

此外，关于算法本身的不透明，按照汉弗莱斯的理解，是由于“深调制”导致人类无法追踪算法运行的每一步。但是就是人类参与的认知活动，多数也都是不透明的。比如人类在下围棋时都会用“棋感”，棋感在很大程度上来自于直觉，这就意味着，人类绝大多数的落子行为都是靠自己的直觉，即很难说清楚走棋的原因。但是机器通过算法，可以以概率的形式给出最佳的落子动作，意味着机器下棋是相对透明的。对此有人可能会拉出塞尔的“中文屋”的思想实验来予以反驳，认为“深蓝”、AlphaGo 显然不是在下棋，因为对于“深蓝”和AlphaGo来说，它们有的仅仅是“一串串无意义的符号”，根本不懂下

① 曹建峰：《解读英国议会人工智能报告十大热点》，《机器人产业》2018 年第 3 期。

② ［美］弗兰克·帕斯奎尔：《黑箱社会——控制金钱和信息的数据法则》，赵亚男译，中信出版集团 2015 年版，第 22—71 页。

棋本身的意义。但是，马丁·戴维斯（Martin Davis）对此却提出了不同的看法，他认为：假设“深蓝”在下棋时，人们能看到它的内部机制——很显然人们看到的绝不是任何符号，无论是有意义的还是无意义的。在它内部，只是电子在电路中来回运动。就好比如果人们能看到卡斯帕罗夫下棋时大脑的内部状况一样，那人们肯定看不到任何棋子的走动，只能看到神经元的脉冲。到目前为止，人们对大脑如何理解复杂的符号信息的机制知之甚少，但是对电脑如何被组织下棋的机制却清楚多了。因此，“塞尔强调了‘深蓝’不‘知道’任何东西，而富有专业知识的工程师却有可能声称，‘深蓝’的确知道各种东西，例如它知道能将给定方格中的象移动到哪几个方格中去，这完全取决于‘知道’是什么意思。”①

现在，机器在更为复杂的领域如围棋、星际争霸等中实现了对人类的超越，这进一步说明，机器即使不是像人类一样去理解对象，但是它在某些方面却能比人类做得更好，并且机器的运行要比人类的理解过程更为透明。

我们承认人类对于算法黑箱担忧的合理性，但是我们更要问的是，人类仅仅是单纯地担心不透明表征所带来的未知的、可怕的结果吗？可能原因并不仅仅在于此。

更为基本的问题在于，机器本来就是人类的目的性制造物，是科学、技术的产物。人类目前能利用透明性的科学技术知识制造出电脑等复杂机器，但是人类仍旧无法利用已有知识制造出真正的大脑，甚至于连大脑是如何思维的都没有搞清楚。从这个意义上说，电脑，不管其运行多么复杂的算法，都要比人脑更加透明，见图6—3所示。

正因为如此，有观点认为：人类对机器的种种担忧，折射出的是人类对于迅速发展的智能系统在某些方面远远超出人类自身能力所产生的恐惧和不安，是人类中心主义的思想根基在作祟，并非是不透明性本身带来的。而大数据和人工智能中的所谓的“算法黑箱”（即使在未来不

① ［美］马丁·戴维斯：《逻辑的引擎》，张卜天译，湖南科学技术出版社2007年版，第226—231页。

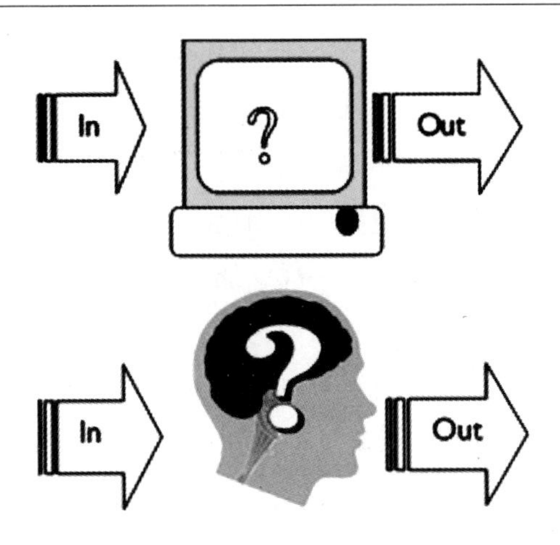

图 6—3　人脑与电脑的表征方式谁更透明

能被解开）可能也是它们所具有的特征，就如同我们可以接受人类至今都不能理解的直觉、梦境、灵感的机制一样。因此，人类应该在某种程度上接受这种不透明性，或者最起码应该理性地看待这种以机器为主体的认识论，而不是坚决地予以抵制。

总之，大数据与人工智能的认识论问题是极其复杂的，当前相关学科和技术的发展态势也非常迅猛，特别是这一主题也与心灵哲学、延展认知等目前最活跃的认知科学哲学领域的问题有着千丝万缕的联系，我们寄希望一种多学科的综合研究，能够不断推动这一热门的研究领域出现新的发现和新的见解。过去我们的先哲主张天人合一，而现在，我们可以憧憬一种人机合一的即人机互补互助的未来。

至此，我们在系统梳理近十年来国内外大数据哲学研究的现状与趋势的基础上，主要着眼于大数据的认识论研究，针对从人的经验到机器“经验”的转变，探讨了非人类中心的认识论中的相关概念、主要特征及其意义，应该说，这一研究进路不乏令人耳目一新之处，在很多方面给我们启发，比如，（1）将大数据划入波普尔的世界 3，并且提出了从外貌、技术和观念三个层面来界定大数据的思想；（2）对“用科学的方法研究数据”和“用数据的方法研究科学”进行了区分，尤其是对“数据密集型”与“第四范式”这两个被普遍“误”用于说明大数据认识论问题的概念及其与大数据之间的关系做了深入分析；（3）概括了保罗·汉弗莱斯的计算哲学和大数据认识论的主要思想，尤其是对于他所提出的计算机参与认识的相关问题如不透明性等进行了深入分析，概括了其在大数据与人工智能背景下所提出的非人类中心主义的认识论的主要依据、特征和价值以及存在的问题等；（4）文中也深入细致地探讨了诸如经验主义的各个历史形态即从经验论到逻辑经验主义再到新经验主义的发展轨迹及其对大数据新认识论的推动；从“相关与因果的关系”的讨论去回答“理论是否会终结”的问题；还有与机器经验密切相关的深调制等问题，等等。所有这些，使我们更加深刻、全面地重新理解与传统的认识论相关的一些基本问题，重新估价人类在世界当中的地位和未来的发展方向等，意义非同寻常。当然，我们的研究总体上还是初步的，在很多方面还需要进一步展开和深化。期待在学界同仁的共同努力下，我们能在机器逐渐“崛起”的这一历史进程中，有更多的理论发现和建树，并让这些理论观点在未来的技术和社会实践中发扬光大，为人类更加美好的未来开辟更加广阔的道路！

主要参考文献

中文著作

［1］阿尔文·托夫勒：《第三次浪潮》，朱志焱、潘琪等译，生活·读书·新知三联书店1983年版。

［2］埃德蒙德·胡塞尔：《欧洲科学危机和超验现象学》，张庆熊译，上海译文出版社1988年版。

［3］埃德蒙德·胡塞尔：《现象学的观念》，倪梁康译，夏基松等校，上海译文出版社1988年版。

［4］艾伯特·拉斯诺·巴拉巴西：《爆发：大数据时代预见未来的新思维》，马慧译，中国人民大学出版社2012年版。

［5］保罗·汉弗莱斯：《延长的万物之尺——计算科学、经验主义与科学方法》，苏湛译，人民出版社2017年版。

［6］查尔莫斯：《科学究竟是什么（最新增补本）》，鲁旭东译，商务印书馆2018年版。

［7］笛卡尔：《谈谈方法》，王太庆译，商务印书馆2000年版。

［8］董春雨：《对称性与人类心智的冒险》，北京师范大学2007年版。

［9］董春雨：《理性的旋律》，湖南师范大学出版社2000年版。

［10］杜威：《经验与自然》，傅统先译，中国人民大学出版社2012年版。

［11］弗兰克·帕斯奎尔：《黑箱社会——控制金钱和信息的数据法则》，赵亚男译，中信出版集团2015年版。

［12］弗里德里希·恩格斯：《自然辩证法》，人民出版社1971

年版。

[13] 郭元林：《复杂性科学知识论》，中国书籍出版社 2012 年版。

[14] 汉森：《发现的模式》，邢新力、周沛译，中国国际广播出版社 1988 年版。

[15] 赫拉利·尤瓦尔：《未来简史》，林俊宏译，中信出版集团 2017 年版。

[16] 洪谦：《逻辑经验主义》，商务印书馆 1982 年版。

[17] 霍尔姆斯·罗尔斯顿：《哲学走向荒野》，吉林人民出版社 2000 年版。

[18] 吉尔·多维克：《计算进化史——改变数学的命运》，劳佳译，人民邮电出版社 2017 年版。

[19] 卡尔·波普尔：《猜想与反驳》，傅季重译，上海译文出版社 1989 年版。

[20] 卡尔·波普尔：《客观知识：一个进化论的研究》，舒炜光、卓如飞等译，上海译文出版社 1987 年版。

[21] 卡西尔：《人论》，甘阳译，上海译文出版社 1985 年版。

[22] 凯西·奥尼尔：《算法霸权——数学杀伤性武器的威胁》，马青玲译，中信出版集团 2018 年版。

[23] 克莱因：《数学：确定性的消失》，李宏魁译，湖南科技大学出版社 2007 年版。

[24] Newborn M.：《旷世之战：IBM 深蓝夺冠之路》，邵谦谦译，清华大学出版社 2004 年版。

[25] 拉·巴·培里：《现代哲学倾向》，商务印书馆 1962 年版。

[26] 拉·梅特里：《人是机器》，商务印书馆 1959 年版。

[27] 赖欣巴哈：《科学哲学的兴起》，伯尼译，商务印书馆 1966 年版。

[28] 李德伟、顾煜、王海平等：《大数据改变世界》，电子工业出版社 2013 年版。

[29] 李建会、符征、张江：《计算主义——一种新的世界观》，中国社会科学出版社 2012 年版。

［30］李建会、夏永红等：《心灵的形式化及其挑战》，中国社会科学出版社 2017 年版。

［31］李开复、王咏刚：《人工智能》，文化发展出版社 2017 年版。

［32］刘大椿：《科学技术哲学导论》，中国人民大学出版社 2005 年版。

［33］刘啸霆：《个体认识论引论》，中国经济出版社 1995 年版。

［34］卢西亚诺·弗洛里迪：《计算与信息哲学导论（上、下）》，刘钢译，商务印书馆 2010 年版。

［35］鲁道夫·卡尔纳普：《世界的逻辑构造》，陈启伟译，上海译文出版社 1999 年版。

［36］吕克·德·不拉班迪尔：《极简算法史》，任轶译，人民邮电出版社 2019 年版。

［37］罗素：《人类的知识》，张金言译，商务印书馆 1989 年版。

［38］罗素：《数理哲学导论》，晏成书译，商务印书馆 1982 年版。

［39］洛克：《人类理解论》，关文运译，商务印书馆 1959 年版。

［40］马丁·戴维斯：《逻辑的引擎》，张卜天译，湖南科学技术出版社 2007 年版。

［41］马歇尔·麦克卢汉：《理解媒介——论人的延伸》，何道宽译，商务印书馆 2000 年版。

［42］迈克尔·波兰尼：《个人知识——迈向后批判哲学》，徐泽民译，贵州人民出版社 2000 年版。

［43］迈克斯·泰格马克：《生命 3.0》，汪婕舒译，浙江人民出版社 2018 年版。

［44］曼纽尔·卡斯特：《网络社会的崛起》，夏铸九、王志弘译，社会科学文献出版社 2001 年版。

［45］梅拉妮·米歇尔：《复杂》，唐璐译，湖南科学技术出版社 2011 年版。

［46］莫里斯·克莱因：《古今数学思想》（第 1、2 册），张理京、张锦炎等译，上海科学技术出版社 1979 年版。

［47］莫绍揆：《递归论》，科学出版社 1987 年版。

[48] 南希·卡特赖特：《斑杂的世界——科学边界的研究》，王巍、王娜译，上海科技教育出版社 2006 年版。

[49] 南希·卡特赖特：《物理定律是如何撒谎的》，贺天平译，上海科技教育出版社 2007 年版。

[50] 尼葛洛庞帝：《数字化生存》，胡泳、范海燕译，海南出版社 1996 年版。

[51] 尼克：《人工智能简史》，人民邮电出版社 2017 年版。

[52] 欧高炎，朱占星等：《数据科学导引》，高等教育出版社 2017 年版。

[53] 皮埃尔·迪昂：《物理学理论的目的与结构》，李醒民译，华夏出版社 1995 年版。

[54] 邱仁宗：《科学方法和科学动力学》，高等教育出版社 2007 年版。

[55] 瑟乔·西斯蒙多：《科学技术学导论》，许为民、孟强等译，上海世纪出版集团 2007 年版。

[56] 舒炜光、邱仁宗：《当代西方科学哲学述评》（第 2 版），中国人民大学出版社 2007 年版。

[57] Singh S. K.，《数据库系统：概念、设计及应用》，机械工业出版社 2010 年版。

[58] 涂子沛：《大数据》，广西师范大学出版社 2013 年版。

[59] 托马斯·瑞德：《机器崛起——遗失的控制论历史》，王晓、郑心湖译，机械工业出版社 2018 年版。

[60] 王成兵：《新老经验主义者》，北京理工大学出版社 2016 年版。

[61] 王巍：《科学哲学问题研究》，清华大学出版社 2003 年版。

[62] 王星：《大数据分析：方法与应用》，清华大学出版社 2013 年版。

[63] 维克托 - 迈尔·舍恩伯格、肯尼思·库克耶：《大数据时代》，盛杨燕、周涛译，浙江人民出版社 2013 年版。

[64] 维纳：《人有人的用处——控制论和社会》，陈步译，商务印

书馆 1978 年版。

［65］邬焜：《信息哲学——理论、体系、方法》，商务印书馆 2005 年版。

［66］吴岸城：《神经网络与深度学习》，电子工业出版社 2016 年版。

［67］吴国盛：《技术哲学讲演录》，中国人民大学出版社 2016 年版。

［68］吴军：《数据之美》（第二版），人民邮电出版社 2014 年版。

［69］吴军：《智能时代：大数据与智能革命重新定义未来》，中信出版集团 2016 年版。

［70］休谟：《人类理解研究》，商务印书馆 1957 年版。

［71］伊恩·哈金：《表征与干预》，王巍、孟强译，科学出版社 2010 年版。

［72］伊恩·哈金：《驯服偶然》，刘钢译，商务印书馆 2015 年版。

［73］伊恩·斯图尔特：《自然之数——数学想象的虚幻实境》，潘涛译，上海科学技术出版社 1996 年版。

［74］詹姆斯·格雷克：《信息简史》，高博译，人民邮电出版社 2013 年版。

［75］张志伟：《西方哲学十五讲》，北京大学出版社 2004 年版。

［76］赵光武：《走出自我中心困境》，华夏出版社 1997 年版。

［77］朱扬勇、熊赟：《数据学》，复旦大学出版社 2009 年版。

中文论文

［1］曹建峰：《解读英国议会人工智能报告十大热点》，《机器人产业》2018 年第 3 期。

［2］曹贤才、时冉冉、牛玉柏：《近似数量系统敏锐度与数学能力的关系》，《心理科学》2016 年第 3 期。

［3］陈赛：《专访耶鲁大学计算机科学教授戴维·杰勒恩特》，《三联生活周刊》2009 年 1 月 7 日。

［4］成素梅、郝中华：《BP 神经网络的哲学思考》，《科学技术哲

学研究》2008 年第 4 期。

[5] 崔伟奇、史阿娜：《科学哲学的社会意义研究——论库恩范式理论在社会科学领域中运用的张力》，《学习与探索》2011 年第 1 期。

[6] 董春雨：《现代自然科学与决定论的终结?》，《科学技术哲学研究》1995 年第 6 期。

[7] 董春雨、薛永红：《从经验归纳到数据归纳：特征、机制与意义》，《自然辩证法研究》2016 年第 5 期。

[8] 董春雨、薛永红：《大数据时代个性化知识的认识论价值》，《哲学动态》2018 年第 1 期。

[9] 董春雨、薛永红：《数据密集型、大数据与“第四范式”》，《自然辩证法研究》2017 年第 5 期。

[10] 段伟文：《大数据知识发现的本体论追问》，《哲学研究》2015 年第 11 期。

[11] 段伟文：《网络空间的伦理基础》，博士学位论文，中国人民大学 2001 年版。

[12] 对话法国技术哲学家贝尔纳·斯蒂格勒，http：//www. cssn. cn/xr/xr_ rw/xr_ mlrwb/201504/t20150413_ 1583617_3. shtml.

[13] 方环非：《大数据：历史、范式与认识论伦理》，《浙江社会科学》2015 年第 9 期。

[14] 谷歌智能帝国：超级公司开启全球监控资本主义时代，https：//www. guancha. cn/economy/2016_03_21_354506. shtml.

[15] 哈萨比斯在剑桥大学的演讲“超越人类认知的极限”，2017. 4. 25. http：//scholarsupdate. hi2net. com/news. asp? NewsID = 22161.

[16] 黄书进：《论“自我中心困境”问题的内容、实质及其意义》，《江西社会科学》1995 年第 4 期。

[17] 黄欣荣：《大数据的本体假设及其客观本质》，《科学技术哲学研究》2016 年第 2 期。

[18] 黄欣荣：《大数据主义者如何看待理论、因果与规律——兼与齐磊磊博士商榷》，《理论探索》2016 年第 6 期。

[19] Hey T，Tansley S，Tolle K. 吉姆·格雷论 eScience：《科学方

法的一种革命》，《第四范式：数据密集型科学发现》，潘教峰、张晓林等译，科学出版社 2013 年版。

[20] 贾向桐：《大数据的新经验主义进路及其问题》，《江西社会科学》2017 年第 12 期。

[21] 肯尼斯·丘奇：《摆钟摆得太远（A Pendulum Swung Too Far）》，李维、唐天译，《中国计算机学会通讯》2013 年第 12 期。

[22] 拉斐尔·阿尔瓦拉多、保罗·汉弗莱斯：《大数据：深调制与不透明表征》，薛永红译，《哲学分析》2018 年第 3 期。

[23] 郦全民：《从世界 3 到虚拟世界的涌现》，《自然辩证法通讯》2003 年第 5 期。

[24] 刘钢：《机器、思维与信息的哲学考察与莱布尼茨的二进制级数和现代计算机科学的关系》，《心智与计算》2007 年第 1 期。

[25] 刘红：《科学数据的哲学研究》，博士学位论文，中国科学院大学 2013 年。

[26] 刘晓力：《计算主义质疑》，《哲学研究》2003 年第 4 期。

[27] 刘啸霆：《科学哲学与形上学：科学传统的确认》，《哲学动态》1994 年第 5 期。

[28] 刘益宇、薛永红、李亚娟：《突现、计算科学及大数据》，《哲学分析》2018 年第 2 期。

[29] 吕乃基：《大数据与认识论》，《中国软科学》2014 年第 9 期。

[30] 吕乃基：《三个世界的关系——从本体论的视角看》，《哲学研究》2008 年第 5 期。

[31] 曼纽尔·卡斯特：《流动空间》，王志弘译，《国外城市规划》2006 年第 5 期。

[32] 默迪：《一种现代的人类中心主义》，章建刚译，《哲学译丛》1999 年第 2 期。

[33] 普特南：《亲历美国哲学 50 年》，王义军译，《哲学译丛》2001 年第 5 期。

[34] 齐磊磊：《大数据经验主义——如何看待理论、因果与规

律》,《哲学动态》2015 年第 7 期。

[35] 齐磊磊:《大数据主义与大数据经验主义——兼答黄欣荣教授》,《山东科技大学学报》(社会科学版)2018 年第 2 期。

[36] 苏湛:《汉弗莱斯对传统认识论的批判与非人类中心主义认识论》,《自然辩证法研究》2018 年第 10 期。

[37] 唐文芳:《大数据与小数据:社会科学研究方法的探讨》,《中山大学学报》(社会科学版)2015 年第 6 期。

[38] 陶九阳、吴琳、胡晓峰:《AlphaGo 技术原理分析及人工智能军事应用展望》,《指挥与控制学报》2016 年第 2 期。

[39] 田松:《实在的三重划分》,《哲学评论》2010 年第 1 期。

[40] 田松:《所见即所能见——从惠勒的实在图示看科学与认知模式的同构》,《哲学研究》2004 年第 2 期。

[41] 田松:《延迟选择实验及其引发的实在问题》,《自然辩证法研究》2004 年第 5 期。

[42] 王德:《走出自我中心困境——关于当前认识论研究中的一点意见》,《哲学动态》1996 年第 1 期。

[43] 邬焜、冯洁等:《智能社会的体制诉求和人的本质的新进化》,《自然辩证法研究》2019 年第 1 期。

[44] 吴基传、翟泰丰:《大数据与认识论》,《哲学研究》2015 年第 11 期。

[45] 吴彤:《走向实践优位的科学哲学——科学实践哲学发展述评》,《哲学研究》2005 年第 5 期。

[46] 肖峰:《网络与实在性》,中国青年政治学院学报 2005 年第 2 期。

[47] 徐英瑾、王培:《大数据就意味着大智慧吗——兼论作为信息技术发展新方向的"绿色人工智能"》,《学术研究》2016 年第 10 期。

[48] 闫婧:《卡斯特的"流动的空间"思想研究》,《哲学动态》2016 年第 5 期。

[49] 杨生平:《从逻辑经验主义看"自我中心困境"》,《江西社

会科学》1995 年第 6 期。

[50] 叶帅：《数据的哲学研究》，硕士学位论文，东华大学 2015 年。

[51] 余婷：《曼纽尔·卡斯特的流动空间理论研究》，博士学位论文，南京大学 2014 年。

[52] 赵月刚：《赖欣巴哈对传统知识观的批判研究》，《自然辩证法研究》2014 年第 8 期。

英文著作

[1] Bollier D. *The Promise and Peril of Big Data*, The Aspen Institute, 2010.

[2] Borgman C. L. *Big Data, Little Data, No Data: Scholarship in the Networked World*, The MIT Press, 2015.

[3] Floridi L. *The Routledge Handbook of Philosophy of Information*, Routledge, 2016.

[4] Gelernter D. *Mirror Worlds: or the Day Software Puts the Universe in a Shoebox - -How It Will Happen and What It Will Mean.* Oxford University Press, 1993.

[5] Hooker C. *Philosophy of Complex Systems.* Elsevier, 2011.

[6] Humphreys P. *Extending Ourselves: Computational Science, Empiricism, and Scientific Method.* Oxford University Press, 2004.

[7] Kaiser F. *Numbers Rule Your World: The Hidden Influence of Probabilities and Statistics on Everything You Do.* The McGraw - Hill Companies, 2010.

[8] Kitchin R. *The Data Revolution: Big Data, Open Data, Data Infrastructures and Their Consequences.* Sage, 2014.

[9] Kuipers T. *General Philosophy of Science: Focal Issues.* North Holland, 2007.

[10] Latour B. *Reassembling the Social: An Introduction to Actor - Network - Theory.* Oxford Univ Press, 2005.

[11] Leonelli S. *Data – Centric Biology: A Philosophical Study*. The University of Chicago Press, 2016.

[12] Martin C., Alfred N. *Science in the Context of Application*. Springer Netherlands, 2010.

[13] Nathan J. K. *Data – Driven Modeling & Scientific Computation: Methods for Complex System and Big Data*. Oxford University Press, 2013.

[14] O'Neil C. *Weapons of Math Destruction: How Big Data Increases Inequality and Threatens Democracy*. Crown Publishing Group, 2016.

[15] Paul L. A, Hall N. *Causation, A User' s Guide*. Oxford University Press, 2013.

[16] Polanyi K. *The Great Transformation: The Political and Economic Origins of our Time*. Beacon, 1957.

[17] Schönberger M. V. Cukier K. *Big Data, A Revolution: That Will Transform How We Live, Work, and Think*. Houghton Mifflin Harcourt, 2013.

[18] Schönberger M. V. *Delete: The Virtue of Forgetting in The Digital Age*. Princeton University Press, 2011.

[19] Sterken C. Manfroid J. *Astronomical Photometry: A Guide*. Springer Science & Business Media, 1992.

[20] Steve L. *DATA – ISM: The Revolution Transforming Decision Making, Consumer Behavior, and Almosts Everything Else*. HarperCollins Publishers, 2015.

[21] Wolfgang P. et al. *Berechenbarkeit Der Welt? Philosophie Und Wissenschaft Im Zeitalter Von Big Data*. Springer, 2017.

英文论文

[1] Ackoff R. L. From Data to Wisdom. *Journal of Applied Systems Analysis*, 1989, Vol. 16 (1).

[2] Altman N. Krzywinski M. Association, Correlation and Causation. *Nature Methods*, 2015, Vol. 12 (10).

[3] Alvarado R. and Humphreys P. Big Data, Thick Mediation, and

Representational Opacity, *New Literary History*, 2017, Vol. 48 (4).

[4] Anderson C. The End of Theory: The Data Deluge Makes the Scientific Method Obsolete. *Wired*, 2008, Vol. 16 (8).

[5] Bogen J. Woodward J. Saving the phenomena. *The Philosophical Review*, 1988, Vol. 97 (3).

[6] Bostrom N. In Defense of Posthuman Dignity. *Bioethics*, 2005, Vol. 19 (3).

[7] Boyd D. Crawford K. Critical Questions for Big Data. *Information Communication & Society*, 2012, Vol. 15 (5).

[8] Boyd D. Crawford K. Six Provocations for Big Data. *Social Science Electronic Publishing*, 2011, Vol. 123 (1).

[9] Brooks D. What You'll Do Next: Using Big Data to Predict Human Behavior. *The New York Times*, 2013.

[10] Bryant R. E. *Data-Intensive Supercomputing: The Case for DISC*, http://citeseerx.ist.psu.edu/viewdoc/summary?

[11] Burge T. Computer Proof, A Priori Knowledge, and Other Minds: The Sixth Philosophical Perspectives Lecture, *Noûs*, 1998, Vol. 32 (S12).

[12] Callebaut W. Scientific Perspectivism: A Philosopher of Science's Response to the Challenge of Big Data Biology, *Studies in History and Philosophy of Science Part C Studies in History and Philosophy of Biological and Biomedical Sciences*, 2012, Vol. 43 (1).

[13] Canali S. Big Data, Epistemology and Causality: Knowledge in and Knowledge Out in EXPOsOMICS, *Big Data & Society*, 2016, Vol. 3 (2).

[14] Chang J., Gerrish S., Wang C., et al. Reading Tea Leaves: How Humans Interpret Topic Models// *International Conference on Neural Information Processing Systems. Curran Associates Inc.* 2009.

[15] Chen H., Zhang H., Chen P. Y., et al. Attacking Visual Language Grounding with Adversarial Examples: A Case Study on Neural Image

Captioning, In *Proceedings of the 56th Annual Meeting of the Association for Computational Linguistics* (*Long Papers*) . Melbourne, 2018.

[16] Clark L. *No Questions Asked: Big Data Firm Maps Solutions Without Human Input* , http: //www. wired. co. uk/news/archive/2013 – 01/16/ayasdi – big – data – launch.

[17] Consultative Committee For Space Data Systems. 2012.

[18] Deborah L. *The Thirteen Ps of Big Data*, https: //www. resea rchg ate. net/profile/Deborah _ Lupton/publication/276207564 _ The _ Thirteen_ Ps_ of_ Big_ Data/links/5552c2d808ae6fd2d81d5f20/The – Thirteen – Ps – of – Big – Data. pdf.

[19] Dumbill E. Making Sense of Big Data. *Big Data*, 2013 (1) .

[20] Floridi L. Big Data and Their Epistemological Challenge. *Philosophy & Technology*, 2012, Vol. 25 (4) .

[21] Franklin A. The Role of Experiments in the Natural Sciences: Examples from Physics and Biology. In T. A. F. Kuipers (ed.), *General Philosophy of Science Focal Issues* . Springer Netherlands, 2007.

[22] Frické M. Big Data and its Epistemology. *Journal of the Association for Information Science & Technology*, 2015, Vol. 66 (4) .

[23] Ginsberg J. , Mohebbi M. H. , Patel R. S. , et al. Detecting Influenza Epidemics Using Search Engine Query Data. *Nature*, 2009, Vol. 457 (7232) .

[24] Golightly C. L. , Mind – Body, Causation and Correlation. *Philosophy of Science*. 1952, Vol. 19 (3) .

[25] Gordon M. , Wardener H. E. , et al. An Interactive Graphic Database Microcomputer for Clinical Control in Data Intensive Therapies. *Proceedings of the European Dialysis & Transplant Association European Dialysis & Transplant Association*, 1981, Vol. 18 (6) .

[26] Halberda J. , Ly R. , Wilmer B. , et al. Number Sense Across the Lifespan as Revealed by a Massive Internet – Based Sample. *PNAS*, 2012, Vol. 109 (28) .

[27] Harford T. Big Data: Are We Making a Big Mistake? . *Significance*, 2014, Vol. 11 (5) .

[28] Harford T. *Why the Cloud Cannot Obscure the Scientific Method*, . http: //arstechnica. com/uncategorized/2008/06/why – the – cloud – cannot – obscure – the – scientific – method, 2008 – 06 – 26.

[29] Hey T. , Tansley S. , Tolle K. , etal. Jim Gray on eScience: A Transformed Scientific Method. In Hey T (Eds.) *Microsoft Research* , 2009.

[30] Hinton G. E. , Osindero S. , Teh Y. A Fast Learning Algorithm for Deep Belief Nets. *Neural Computation*, 2006, Vol. 18 (7) .

[31] Hsu F. H. IBM's Deep Blue Chess Grandmaster Chips. *IEEE Computer Society Press*, 1999.

[32] Humphreys P. Computational Science and Effects , In C. Martin, N. Alfred (Eds.) *Science in the Context of Application*. Springer Netherlands, 2010.

[33] Johnston W. E. High – speed, Wide Area, Data Intensive Computing: a Ten Year Retrospective// *International Symposium on High Performance Distributed Computing. IEEE*, 1998.

[34] Kitchin R. Big Data and Human Geography Opportunities, Challenges and Risks. *Dialogues in Human Geography*, 2013, Vol. 3 (3) .

[35] Kitchin R. Big data, New Epistemologies and Paradigm Shifts. *Big Data and Society*, 2014, Vol. 1 (1) .

[36] Kitchin R. , Lauriault T. Small Data in the Era of Big Data. *Geo Journal*, 2015, Vol. 80 (4) .

[37] Kitchin R. , McArdle G. What Makes Big Data, Big Data? Exploring the Ontological Characteristics of 26 Datasets. *Big Data & Society*, 2016, Vol. 3 (1) .

[38] Kristin M. T. , Stenwrart D. , Tansley W. , etal. The Fourth Paradigm: Data – Intensive Science Scientific Discovery. *Proceedings of The IEEE*. 2011.

[39] Lazer D., Kennedy R., King G., et al. Big data. The Parable of Google Flu: Traps in Big Data Analysis. *Science*, 2014, Vol. 343 (6176).

[40] Leonelli S. What Difference Does Quantity Make? On the Epistemology of Big Data in Biology. *Big Data & Society*, 2014, Vol. 1 (1).

[41] Mashey J. R. *Big Data and the Next Wave of InfraStress*, http://static.usenix.org/events/usenix99/invited_ talks/mashey.pdf.

[42] Mireille H. *Slaves to Big Data. Or Are We?*, https://repository.ubn.ru.nl/bitstream/handle/2066/119975/119975.pdf.

[43] Pietsch W. Aspects of Theory – Ladenness in Data – Intensive Science. *Philosophy of Science*, 2015, Vol. 82 (5).

[44] Pietsch W. *Big Data – The New Science of Complexity*, http://www.wolfgangpietsch.de/pietsch – bigdata_ complexity.pdf.

[45] Pietsch W. The Causal Nature of Modeling with Big Data. *Philosophy & Technology*, 2016, Vol. 29 (2).

[46] Popkin G. A. *A Twisted Path to Equation – Free Prediction*, https://www.quantamagazine.org/chaos – theory – in – ecology – predicts – future – populations – 20151013.

[47] Prensky M. H. Sapiens Digital: From Digital Immigrants and Digital Natives to Digital Wisdom. *TD – Tecnologie Didattiche*, 2010, Vol. 5 (3).

[48] Rieder G., Simon J. Big Data: A New Empiricism and its Epistemic and Socio – Political Consequences. In P. Wolfgang, etal. (Eds), *Berechenbarkeit Der Welt?: Philosophie Und Wissenschaft Im Zeitalter Von Big Data*, Springer, 2017.

[49] Sabina L. Integrating Data to Acquire New Knowledge: Three Modes of Integration in Plant Science. *Studies in History & Philosophy of Biol & Biomedi*, 2013, Vol. 44 (4).

[50] Schmidt M., Lipson H. Distilling Free – Form Natural Laws From Experimental Data. *Science*, 2009, Vol. 324 (5923).

[51] Shannon C. E. A Mathematical Theory of Communication. *ACM*

SIGMOBILE Mobile Computing and Communications Review, 2001, Vol. 5 (1) .

[52] Shannon C. E. Programming a Computer for Playing Chess. *Philosophical Magazine*, 1950, Vol. 41 (314) .

[53] Shirky C. *Ontology Is Overrated: Categories, Links, and Tags*, http://www. shirky. com/writings/herecomeseverybody/ontology_ overrated. html shirky. com/writings/herecomeseverybody/ontology_ overrated. html.

[54] Silver D. , H. A. , Maddison C. J. et al. Mastering the Game of Go With Deep Neural Networks and Tree Search. *Nature*, 2016, Vol. 529 (7587) .

[55] Silver D. , Hubert T. , et al. A General Reinforcement Learning Algorithm that Masters Chess, Shogi, and Go through Self - play. *Science*, 2018, Vol. 362 (6419) .

[56] Silver D. , Schrittwieser J. , Simonyan K. , et al. Mastering the Game of Go without Human Knowledge. *Nature*, 2017, Vol. 550 (7676) .

[57] Simondon G. On the Mode of Existence of Technical Objects. *Deleuze Studies*, 2011, Vol. 5 (3) .

[58] Simondon G. The Limits of Human Progress: A Critical Study. *Cultural Politics: an International Journal.* 2010, Vol. 6 (2) .

[59] Sprenger J. Science without (Parametric) Models: the Case of Bootstrap Resampling. *Synthese*, 2011, Vol. 180 (1) .

[60] Zeleny M. Management Support Systems: Towards Integrated Knowledge Management. *Human Systems Management*, 1987, Vol. 7 (1) .